四川省审定登记草品种汇编

（1987—2024）

张 健 等 主编

中国农业科学技术出版社

图书在版编目（CIP）数据

四川省审定登记草品种汇编：1987—2024 / 张健等主编. -- 北京：中国农业科学技术出版社，2025.7.
ISBN 978-7-5116-7357-2

Ⅰ. S688.402.92

中国国家版本馆 CIP 数据核字第 20253BL461 号

责任编辑	张国锋
责任校对	李向荣
责任印制	姜义伟　王思文

出 版 者	中国农业科学技术出版社
	北京市中关村南大街 12 号　邮编：100081
电　　话	（010）82109705（编辑室）（010）82106624（发行部）
	（010）82109709（读者服务部）
网　　址	https://castp.caas.cn
经 销 者	各地新华书店
印 刷 者	北京地大彩印有限公司
开　　本	185 mm×260 mm　1/16
印　　张	15.25
字　　数	304 千字
版　　次	2025 年 7 月第 1 版　2025 年 7 月第 1 次印刷
定　　价	228.00 元

◀━━ 版权所有·侵权必究 ━━▶

《四川省审定登记草品种汇编（1987—2024）》编委会

主　　编　张　健　陈丽丽　黄琳凯　李达旭　朱永群

副 主 编　陈有军　罗　欣　李　其　张瑞珍　闫利军
　　　　　　　聂　刚　鲁　岩　肖援娣

参编人员　（按姓氏笔画排序）

干友民　马　啸　王同军　王洪炯　龙兴发
叶玉林　白史且　冯光燕　朱永群　伍碧华
刘　伟　刘　斌　刘玉红　刘晓波　闫利军
杜　逸　杜周和　李　其　李达旭　李传富
李林祥　李鸿祥　杨天富　杨廷勇　杨智永
杨满业　肖援娣　吴立伦　吴永胜　吴佳海
邱　婷　何丕阳　何光武　邹祥铭　汪　辉
张　玉　张　健　张昌兵　张建波　张晓晖
张海琴　张瑞珍　张新全　张新跃　陈　谷
陈　雨　陈仕勇　陈冬明　陈有军　陈丽丽
苟文龙　范国华　林超文　尚以顺　罗　欣
季　杨　李晓菲　岳　红　周永红　周青平
周树峰　郑启坤　郝　虎　柳　茜　钟祥清
姚明久　敖学成　聂　刚　徐娅玲　郭　超
唐祈林　黄琳凯　曹成禹　盘朝邦　梁小玉
彭　燕　鲁　岩　游明鸿　谢永良　谢志远
鄢家俊　蒲朝龙

前　言

　　四川省位于长江、黄河上游，是我国重要的生态屏障，在维护生态安全、推动乡村振兴、促进文化传承等方面具有不可替代的作用。四川是全国草原资源大省，草原资源丰富，草原总面积1.45亿亩，约占全省国土面积的1/5，位居全国第6。其中，98.42%的草地资源分布于甘孜、阿坝、凉山3个民族自治州，是"中华水塔"的重要组成部分。四川省的草地类型多样，主要包括高寒草甸、低地草甸、山地草甸和暖性草丛四大类，是我国植物种类特别丰富的地区之一，具有丰富的草种质资源，为我国草新品种的培育和利用提供了得天独厚的条件。

　　草种是国家的重要战略资源，是草原生态保护修复和草业发展的根基和关键，事关国家生物安全、粮食安全、生态安全和能源安全。为贯彻落实四川省人民政府办公厅《关于加强草原保护修复和草业发展的实施意见》《四川省"十四五"现代种业发展规划》《四川省林业和草原发展"十四五"规划》等文件精神，并结合四川省草原资源的现状及草原高质量发展的新形势、新要求，组织四川农业大学、四川省草原科学研究院、四川省农业科学院等川内草育种研究团队，对自1987年以来四川省通过审定登记的157个草品种进行了系统梳理。其中，国家审定登记101个、省审定登记56个，这些品种被汇编成《四川省审定登记草品种汇编（1987—2024）》。本书是四川草种创新成果的集大成者，全方位展示了当地在草种研发领域所取得的突破性进展，是30多年来各级从事相关工作科技人员的劳动成果与智慧结晶，也是四川省草品种培育发展历程的见证，为摸清四川省审定登记草品种的家底、推动草品种的资源保护及新品种开发利用提供重要参考。

本书注重编撰的科学性、内容的实用性和完整性，文字简洁，图文并茂，使用方便，是一部兼具科学价值和实用价值的林草工具书，可供林草相关专业师生、科研人员、技术推广工作者和广大农牧民参考阅读。由于作者水平有限，书中不足之处在所难免，恳请读者批评指正。

编 者

2025 年 4 月

目录

国审草品种（101个）

1 '阿坝'燕麦 *Avena sativa* L. 'ABa' ········· 2
2 '福瑞至'燕麦 *Avena sativa* L. 'Forageplus' ········· 3
3 '富龙'燕麦 *Avena sativa* L. 'Furlong' ········· 5
4 '海威'燕麦 *Avena sativa* L. 'Haywire' ········· 6
5 '英迪米特'燕麦 *Avena sativa* L. 'Intimidator' ········· 8
6 '梦龙'燕麦 *Avena sativa* L. 'Magnum' ········· 9
7 '苏特'燕麦 *Avena sativa* L. 'Shooter' ········· 11
8 '川西'扁穗雀麦 *Bromus catharticus* Vahl. 'Chuanxi' ········· 12
9 '黔南'扁穗雀麦 *Bromus catharticus* Vahl. 'Qiannan' ········· 14
10 '川南'狗牙根 *Cynodon dactylon*（L.）Persoon 'Chuannan' ········· 15
11 '川西'狗牙根 *Cynodon dactylon*（L.）Persoon 'Chuanxi' ········· 17
12 '天府'狗牙根 *Cynodon dactylon*（L.）Persoon 'Tianfu' ········· 18
13 '安巴'鸭茅 *Dactylis glomerata* L. 'Anba' ········· 20
14 '阿鲁巴'鸭茅 *Dactylis glomerata* L. 'Aldebaran' ········· 21
15 '宝兴'鸭茅 *Dactylis glomerata* L. 'Baoxing' ········· 22
16 '川东'鸭茅 *Dactylis glomerata* L. 'Chuandong' ········· 24
17 '滇北'鸭茅 *Dactylis glomerata* L. 'Dianbei' ········· 25
18 '古蔺'鸭茅 *Dactylis glomerata* L. 'Gulin' ········· 27
19 '渝东'鸭茅 *Dactylis glomerata* L. 'Yudong' ········· 28
20 '涪陵'十字马唐 *Digitaria cruciata*（Nees ex Steud.）A.Camus 'Fuling' ········· 30
21 '川西'短芒披碱草 *Elymus breviaristatus*（Keng）Keng f. 'Chuanxi' ········· 30
22 '阿坝'垂穗披碱草 *Elymus nutans* Griseb. 'Aba' ········· 32
23 '康巴'垂穗披碱草 *Elymus nutans* Griseb. 'Kangba' ········· 33
24 '康北'垂穗披碱草 *Elymus nutans* Griseb. 'Kangbei' ········· 35

25 '康南'垂穗披碱草 *Elymus nutans* Griseb. 'Kangnan'	36
26 '阿坝'老芒麦 *Elymus sibiricus* L. 'Aba'	38
27 '川草 1 号'老芒麦 *Elymus sibiricus* L. 'Chuancao No.1'	39
28 '川草 2 号'老芒麦 *Elymus sibiricus* L. 'Chuancao No.2'	40
29 '康巴'老芒麦 *Elymus sibiricus* L. 'Kangba'	42
30 '麦洼'老芒麦 *Elymus sibiricus* L. 'Maiwa'	43
31 '民大 1 号'老芒麦 *Elymus sibiricus* L. 'Minda No.1'	45
32 '雅江'老芒麦 *Elymus sibiricus* L. 'Yajiang'	46
33 '武陵'假俭草 *Eremochloa ophiuroides* (Munro) Hack. 'Wuling'	47
34 '川西'斑茅 *Erianthus arundinaceus* Retz. 'Chuanxi'	49
35 '长江 1 号'苇状羊茅 *Festuca arundinacea* Schreb. 'Changjiang No.1'	51
36 '都脉'苇状羊茅 *Festuca arundinacea* Schreb. 'Duramax'	52
37 '黔草 1 号'高羊茅 *Festuca arundinacea* Schreb. 'Qiancao No.1'	54
38 '水城'高羊茅 *Festuca arundinacea* Schreb 'Shuicheng'	55
39 '维加斯'高羊茅 *Festuca arundinacea* Schreb. 'Vegas'	56
40 '藏北'中华羊茅 *Festuca sinensis* Keng ex E. B. Alexeev 'Zangbei'	57
41 '康巴'变绿异燕麦 *Helictotrichon virescens* (Nees ex Steud.) Henr. 'Kangba'	58
42 '川中'牛鞭草 *Hemarthria altissima* (Poir.) Stapf et C. E. Hubb. 'Chuanzhong'	59
43 '重高'扁穗牛鞭草 *Hemarthria compressa* (L. f.) R. Br. 'Chonggao'	61
44 '广益'扁穗牛鞭草 *Hemarthria compressa* (L. f.) R. Br. 'Guangyi'	63
45 '雅安'扁穗牛鞭草 *Hemarthria compressa* (L. f.) R. Br. 'Yaan'	64
46 '斯特泼'大麦 *Hordeum vulgare* L. 'Stepoe'	65
47 '阿坝'硬秆仲彬草 *Kengyilia rigidula* (Keng) J. L. Yang, C. Yen & B. R. Baum 'Aba'	66
48 '安第斯'多花黑麦草 *Lolium multiflorum* Lamk. 'Andes'	67
49 '安格斯特'多花黑麦草 *Lolium multiflorum* Lamk. 'Angusta'	69
50 '阿伯德'多花黑麦草 *Lolium multiflorum* Lamk. 'Aubade'	70
51 '长江 2 号'多花黑麦草 *Lolium multiflorum* Lamk. 'Changjiang No.2'	71
52 '川农 1 号'多花黑麦草 *Lolium multiflorum* Lamk. 'Chuannong No.1'	73
53 '川农 4 号'多花黑麦草 *Lolium multiflorum* Lamk. 'Chuannong No.4'	74
54 '川饲 1 号'多花黑麦草 *Lolium multiflorum* Lamk. 'Chuansi No. 1'	76
55 '剑宝'多花黑麦草 *Lolium multiflorum* Lamk. 'Jumbo'	77
56 '勒普'多花黑麦草 *Lolium multiflorum* Lamk. 'Lipo'	79
57 '迈克斯'多花黑麦草 *Lolium multiforum* Lamk. 'Maximus'	79

58 '杰威'多花黑麦草 *Lolium multiflorum* Lamk. 'Spendor' ··················· 81
59 '百诺达'多年生黑麦草 *Lolium perenne* L. 'Barnauta' ······················ 82
60 '凯力'多年生黑麦草 *Lolium perenne* L. 'Calibra' ·························· 84
61 '尼普顿'多年生黑麦草 *Lolium perenne* L. 'Neptun' ························ 85
62 '图兰朵'多年生黑麦草 *Lolium perenne* L. 'Turandot' ······················ 86
63 '劳发'羊茅黑麦草 *Lolium multiflorum* × *Festuca arundinacea* 'Lofa' ········· 88
64 '珀修斯'羊茅黑麦草 *Lolium multiflorum* × *Festuca arundinacea* 'Perseus' ······ 90
65 '泰特Ⅱ'杂交黑麦草 *Lolium* × *bucheanum* 'Tetrelite II' ······················ 91
66 '川草引3号'虉草 *Phalaris arundinacea* L. 'Chuancaoyin No.3' ············· 93
67 '川草4号'虉草 *Phalaris arundinacea* L. 'Chuancao 4' ······················ 94
68 '川西'虉草 *Phalaris arundinacea* L. 'Chuanxi' ····························· 95
69 '川育1号'象草 *Pennisetum purpureum* Schumach. 'Chuanyu No.1' ········ 96
70 '川西'猫尾草 *Phleum pratense* L. 'Chuanxi' ································· 98
71 '川引'鹅观草 *Roegneria kamoji* (Ohwi) Keng & S. L. Chen 'Chuanyin' ······ 99
72 '川中'鹅观草 *Roegneria kamoji* (Ohwi) Keng & S. L. Chen 'Chuanzhong' ······ 100
73 '川西'肃草 *Roegneria stricta* Keng 'Chuanxi' ······························· 102
74 '蜀草1号'高粱-苏丹草杂交种 *Sorghum bicolor* × *S. sudanense*
    'Shucao No.1' ·· 104
75 '蜀草4号'高粱-苏丹草杂交种 *Sorghum bicolor* × *S. sudanense*
    'Shucao No.4' ·· 105
76 '川苏1号'苏丹草 *Sorghum sudanense* (Piper) Stapf 'Chuansu No.1' ········· 107
77 '川苏2号'苏丹草 *Sorghum sudanense* (Piper) Stapf 'Chuansu No.2' ········· 108
78 '玉草5号'玉米-摩擦禾-大刍草杂交种（*Zea mays* × *Tripsacum
    dactyloides*）× *Z. perennis* 'Yucao No.5' ···································· 109
79 '玉草1号'杂交大刍草（*Zea mays* × *Z. perennis*）× *Z. perennis* 'Yucao No.1'
    ··· 111
80 '升钟'紫云英 *Astragalus sinicus* L. 'Shengzhong' ··························· 113
81 '润高'扁豆 *Lablab purpureus* (L.) Sweet 'Rongai' ··························· 114
82 '凉苜1号'紫花苜蓿 *Medicago sativa* L. 'Liangmu No.1' ······················ 116
83 '卡利斯托'红三叶 *Trifolium pratense* L. 'Callisto' ··························· 117
84 '丰瑞德'红三叶 *Trifolium pratense* L. 'Freedom' ···························· 119
85 '巫溪'红三叶 *Trifolium pratense* L. 'Wuxi' ································· 120
86 '川引拉丁诺'白三叶 *Trifolium repens* L. 'Chuanyin Ladino' ··············· 121
87 '克朗德'白三叶 *Trifolium repens* L. 'Klondike' ······························ 122

88 '瑞文德'白三叶 Trifolium repens L. 'Rivendel' ………………………………… 124

89 '舒克'白三叶 Trifolium repens L. 'Sulky' …………………………………… 125

90 '川北'箭筈豌豆 Vicia sativa L. 'Chuanbei' ………………………………… 127

91 '凉山'光叶紫花苕 Vicia villosa Roth var. glabrescens 'Liangshan' ………… 128

92 '将军'菊苣 Cichorium intybus L. 'Commander' …………………………… 130

93 '欧歌'菊苣 Cichorium intybus L. 'OG0015' ………………………………… 131

94 '川畜 1 号'苦荬菜 Lactuca indica L. 'Chuanxu No.1' …………………… 133

95 '川选 1 号'苦荬菜 Ixeris polycephala Cass. 'Chuanxuan No.1' ………… 134

96 '凉山'芜菁 Brassica rapa L. 'Liangshan' …………………………………… 135

97 '攀西'蓝花子 Raphanus sativus L.var. raphanistroides（Makino）Makino 'Panxi'
   ………………………………………………………………………………… 137

98 '黔南'山麦冬 Liriope spicata（Thunb.）Lour. 'Qiannan' ………………… 139

99 '都柳江'马蹄金 Dichondra repens Forst. 'Duliujiang' …………………… 140

100 '小哨'马蹄金 Dichondra repens Forst. 'Xiaoshao' ……………………… 142

101 '川西'庭菖蒲 Sisyrinchium rosulatum E. P. Bicknell 'Chuanxi' ………… 143

省审草品种（56 个）

1 '达尔德'燕麦 Avena sativa L. 'Dorada' …………………………………… 146

2 '福瑞至'燕麦 Avena sativa L. 'ForagePlus' ……………………………… 147

3 '黑玫克'燕麦 Avena sativa L. 'Haymaker' ………………………………… 149

4 '科纳'燕麦 Avena sativa L. 'Kona' ………………………………………… 150

5 '梦龙'燕麦 Avena sativa L. 'Magnum' …………………………………… 151

6 '莫妮卡'燕麦 Avena sativa L. 'Monida' …………………………………… 153

7 '泰森'燕麦 Avena sativa L. 'Nelson' ……………………………………… 154

8 '苏特'燕麦 Avena sativa L. 'Shooter' ……………………………………… 155

9 '川西'扁穗雀麦 Bromus cartharticus Vahl. 'Chuanxi' …………………… 156

10 '凉山'扁穗雀麦 Bromus cartharticus Vahl. 'Liangshan' ………………… 157

11 '大黑山'薏苡 Coix lacryma-jobi L. 'Daheishan' ………………………… 159

12 '丰牧 88 饲用'薏苡 Coix lacryma-jobi L. 'Fengmu 88' ………………… 161

13 '川农 3 号'狗牙根 Cynodon dactylon（L.）Persoon 'Chuannong No.3' … 162

14 '大拿'鸭茅 Dactylis glomerata L. 'Baridana' …………………………… 164

15 '康定'鸭茅 Dactylis glomerata L. 'Kangding' …………………………… 165

16 '巫山'鸭茅 Dactylis glomerata L. 'Wushan' …………………………… 167

17 '康巴'短芒披碱草 Elymus breviaristatus（Keng）Keng f. 'Kangba' …………… 168
18 '川西'垂穗披碱草 Elymus nutans Griseb. 'Chuanxi' …………………………… 170
19 '康北'垂穗披碱草 Elymus nutans Griseb. 'Kangbei' …………………………… 171
20 '石渠'垂穗披碱草 Elymus nutans Griseb. 'Shiqu' ……………………………… 173
21 '麦洼'老芒麦 Elymus sibiricus L. 'Maiwa' ………………………………………… 174
22 '民大1号'老芒麦 Elymus sibiricus L. 'Minda No.1' …………………………… 176
23 '雅砻江'老芒麦 Elymus sibiricus L. 'Yalongjiang' ……………………………… 177
24 '武陵'假俭草 Eremochloa ophiuroides（Munro）Hack. 'Wuling' ……………… 178
25 '萨沃瑞'苇状羊茅 Festuca arundinacea Schreb. 'Savory' …………………… 180
26 '柯鲁柯'中华羊茅 Festuca sinensis Keng ex E. B. Alexeev 'Keluke' ………… 182
27 '南黑1号'多花黑麦草 Lolium multiflorum Lamk. 'Nanhei No.1' …………… 183
28 '纳瓦拉'多年生黑麦草 Lolium perenne L. 'Navarra' ………………………… 184
29 '川育1号'象草 Pennisetum purpureum Schumach. 'Chuanyu No.1' ………… 186
30 '阿坝'䅟草 Phalaris arundinacea L. 'Aba' ……………………………………… 187
31 '粱草1号'高粱 Sorghum bicolor（L.）Moench 'Liangcao No.1' …………… 189
32 '川饲2号'高粱 Sorghum bicolor（L.）Moench 'Chuansi 2' ………………… 190
33 '牧绿2号'高丹草 Sorghum bicolor × S. sudanense 'Mulv 2' ………………… 192
34 '蜀草2号'高丹草 Sorghum bicolor×S .sudanense 'Shucao No.2' …………… 193
35 '蜀草3号'高粱 – 苏丹草杂交种 Sorghum bicolor×S.sudanense
 'Shucao No.3' …………………………………………………………………… 194
36 '川农1号饲草麦'小麦 Triticum aestivum L. 'Chuannong No.1' …………… 195
37 '绵饲麦1号'小麦 Triticum aestivum L. 'Miansimai No.1' …………………… 196
38 '滇东'光叶紫花苕 Vicia villosa Roth var. glabrescens 'Diandong' …………… 197
39 '玉草5号饲用'饲用玉米（Zea mays × Tripsacum dactyloides）× Z. perennis
 'Yucao No.5' …………………………………………………………………… 198
40 '玉草6号'玉米 – 摩擦禾 – 大刍草杂交种（Zea mays × Tripsacum
 dactyloides）× Z. perennis 'Yucao No.6' ……………………………………… 200
41 '玉草7936'玉米 – 摩擦禾 – 大刍草杂交种（（Zea mays×Tripsacum
 dactyloides）×Z. perennis）× Z. perennis 'Yucao No.7936' ………………… 202
42 '玉草9478'杂交大刍草 Zea mays L. ×Z. luxurians（Durieu & Asch.）R. M.
 Bird 'Yucao 9478' ……………………………………………………………… 204
43 '玉草9911饲草'玉米（Zea mays×Tripsacum dactyloides）×Z. perennis×Z.
 perennis× Z. perennis 'Yucao 9911' …………………………………………… 205

44 '玉草 9919' 玉米 – 摩擦禾 – 大刍草（*Zea mays* × *Tripsacum dactyloides*）× *Z. perennis* 'Yucao 9919' ·· 207

45 '6010' 紫花苜蓿 *Medicago sativa* L. '6010' ································· 209

46 '川草 7 号' 紫花苜蓿 *Medicago sativa* L. 'Chuancao No.7' ·········· 210

47 '川南' 金花菜 *Medicago polymorpha* L. 'Chuannan' ······················ 212

48 '艾丽斯' 白三叶 *Trifolium repens* L. 'Alice' ································· 214

49 '上吉' 白三叶 *Trifolium repens* L. 'Sulky' ···································· 216

50 '罗特' 白三叶 *Trifolium repens* L. 'Rampart' ······························· 217

51 '川畜 1 号' 苦荬菜 *Lactuca indica* L. 'Chuanxu1.' ······················· 219

52 '川畜 2 号' 苦荬菜 *Lactuca indica* L. 'Chuanxu No.2' ················· 220

53 '川草 6 号' 菊苣 *Cichorium intybus* L. 'Chuancao No.6' ············· 222

54 '川畜 3 号' 菊苣 *Cichorium intybus* L. 'Chuanxu 3' ···················· 224

55 '饲油 36 饲用' 油菜 *Brassica napus* L. 'Siyou No.36' ················· 226

56 '川南饲用' 桑 *Morus alba* L. 'Chuannan' ···································· 227

国审草品种（101 个）

1 '阿坝'燕麦
***Avena sativa* L. 'ABa'**

编　　号：401
品种类别：地方品种
审定机构：全国草品种审定委员会
选育单位：四川省草原科学研究院
　　　　　四川省红原县畜牧兽医局

品种特征特性

禾本科一年生草本植物。株高100～170cm，茎粗5mm，茎节浅绿色。叶鞘被少量白粉，具4～5片叶，叶片灰绿，长23～31cm，宽11～15mm，叶片靠近茎秆处边缘有稀疏茸毛。穗节间与下部节间稍弯曲，穗长17～25cm，圆锥花序，短芒。种子为草黄色，千粒重32g。在高寒牧区，温度低、霜冻严重的自然条件下具有较强适应性。对土壤要求不严格，耐瘠薄，抗倒

伏，较抗蚜虫和锈病。草质细嫩，具清香甜味，多种牲畜喜食。

栽培技术要点

翻耕、耙旋平整地面；施腐熟牛羊粪 15 000～30 000kg/hm² 或复合肥（N∶P∶K=15∶15∶15）150～225kg/hm² 作基肥。高寒牧区 4 月中下旬至 5 月中旬播种；盆周山区可利用冬闲田秋播种植。条播或撒播，条播行距 20～40cm。播种量 120～180kg/hm²。播种深度 2～3cm。播后轻旋盖种或牛羊践踏盖种。分蘖期至拔节期追施尿素 150～225kg/hm²。乳熟期稍高于地面刈割，可用于制作青干草或调制青贮草料。

适宜推广区域

适宜于西南地区高山及青藏高原高寒牧区海拔 2 000～4 500m 的区域种植。

2 '福瑞至'燕麦
Avena sativa L. 'Forageplus'

编　　号：国 S-IV-AS-014-2021
品种类别：引进品种
审定机构：国家林业和草原局草品种审定委员会
选育单位：四川农业大学
　　　　　四川省草原科学研究院
　　　　　北京正道农业股份有限公司
　　　　　山东省畜牧总站

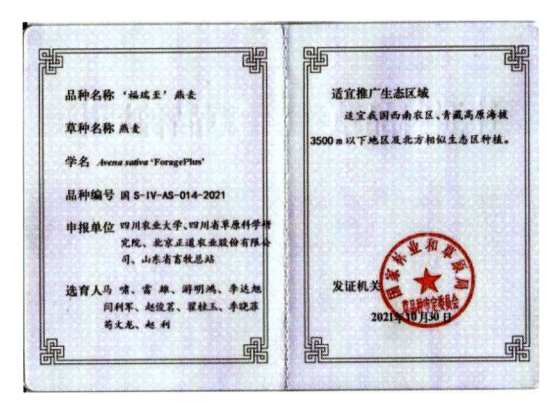

品种特征特性

禾本科一年生草本植物，饲草型晚熟品种。根系发达，茎秆粗壮直立光滑，株高 130～185cm。株型紧凑，具 4～6 个伸长节，叶片 5～6 个。叶鞘光滑，叶舌大，叶片呈逆时针螺旋状，呈深绿色。圆锥花序，穗轴直立，穗长 17～32cm。外稃无毛，有短芒，颖果腹面有纵沟，成熟时内外稃紧抱籽粒。种子草黄色，千粒重 38g。在西南农区，一般 9 月中旬播种，11 月上旬进入分蘖期，翌年 1 月中旬进入拔节期，2 月下旬孕穗，3 月底开花，4 月中旬灌浆，5 月初乳熟，5 月中下旬种子成熟，生育期 232 天。叶片宽大，抗病、抗倒伏能力很强。叶量丰富，适口性好，对土壤要求不严，适应性强。

栽培技术要点

在农区冬闲田进行秋播，牧区则一般进行春播。条播或撒播，条播行距 20～30cm。播种量 90～120kg/hm²。苗期易受杂草危害。三叶期后，视杂草情况，可选择晴朗天气喷施选择性除草剂防治杂草。分蘖期至拔节期追施尿素 150～225kg/hm^2。在花期刈割品质较好，若需获得更高产量，可在乳熟期稍高于地面刈割。多用于青干草调制和青贮加工，也可青饲利用。

适宜推广区域

适宜于我国西南平原和丘陵农作区的冬闲田种植，也可在青藏高原 3 500m 以下地区或北方相似生态区进行春播种植生产。

3 '富龙' 燕麦
Avena sativa L. 'Furlong'

编　　号：676
品种类别：引进品种
审定机构：全国草品种审定委员会
选育单位：西南民族大学
　　　　　北京正道农业股份有限公司
　　　　　云南省草地动物科学研究院

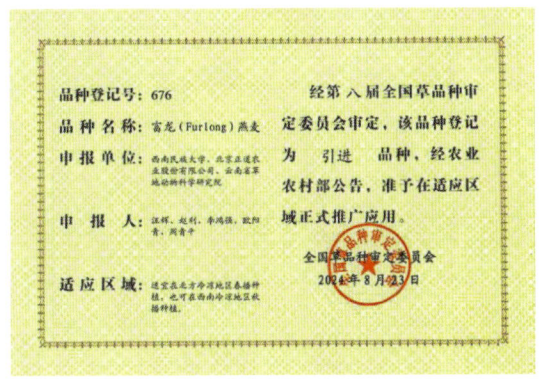

品种特征特性

禾本科一年生草本植物。株高112～150cm，叶片丰富，旗叶长15cm，分蘖3～5个/株，种子千粒重42g。在四川农区冬闲田一般10月上中旬播种，翌年4月开花，5月种子成熟，生育期180～200天。亦可在川西北5月播种，当年9月开花。

栽培技术要点

四川农区适宜在10月中旬至11月上旬播种，川西北高原适宜播种期为5月上中旬。播种前整地，施复合肥150～250kg/hm²作底肥。牧草生产可条播亦可撒播，春播时，条播播种量15～22.5kg/hm²，行距15cm；撒播播种量30～45kg/hm²。种子生产以条播为宜，播种量12～15kg/hm²，行距30cm，播种深度3～4cm。农区秋播时，播种量较春播减半。牧草生产每年分蘖拔节期施75～120kg/hm²尿素和45～75kg/hm²复

合肥；种子生产以磷肥、钾肥为主。在抽穗期至盛花期进行刈割，留茬 5cm。大部分种子进入蜡熟期即可开始收获。

适宜推广区域

适宜于四川农区秋播，也可在青藏高原及周边地区春播种植。

4 '海威'燕麦
Avena sativa L. 'Haywire'

编　　号：677
品种类别：引进品种
审定机构：全国草品种审定委员会
选育单位：克劳沃（北京）生态科技有限公司
　　　　　西南科技大学

品种特征特性

禾本科一年生草本植物，饲草型中熟品种。须根系发达，茎秆粗壮直立，株高可达 100cm 以上，在适宜的种植条件下可达 1.6m。丛生，分蘖较多。叶片宽而平展，长 22cm，宽 1.9cm，叶量大。圆锥花序开散，穗轴直立或下垂，由 4～6 节组成，下部各节分枝较多。种子千粒重 40g。在 pH 值 5.5～8.0 的土壤上均可生长良好，适宜在我国温带大部分地区种植，以高海拔的冷凉地区最为适宜。种子发芽最低温度

3～4℃，最适温度 15～25℃。

栽培技术要点

对土壤要求不严，但排水不良的土地不宜选择。整地时需翻耕、耙旋平整地面，除卧圈地外，施腐熟牛羊粪 15 000～30 000kg/hm^2 或氮磷钾复合肥 150～225kg/hm^2 作基肥。北方 3 月下旬至 5 月初春播，南方 9 月底至 10 月初秋播。播种量 120～150kg/hm^2，行距 15～20cm，播深 3～4cm。苗期易受杂草危害。三叶期后，视杂草情况，可选择晴朗天气喷施选择性除草剂防治杂草。从分蘖到拔节期要注意及时灌水。调制干草的最佳刈割期为乳熟期，青贮则以乳熟期至蜡熟期刈割为宜。

适宜推广区域

适宜于我国温带大部分地区种植，以高海拔的冷凉地区最为适宜。

5 '英迪米特'燕麦
Avena sativa L. 'Intimidator'

编　　号：573
品种类别：引进品种
审定机构：全国草品种审定委员会
选育单位：四川农业大学
　　　　　北京猛犸种业有限公司
　　　　　西南民族大学
　　　　　四川省草业技术研究推广中心

品种特征特性

禾本科一年生草本植物，中晚熟品种。须根发达，茎秆直立，植株高大，约120cm。叶片宽而平展，长15～50cm，宽8～15mm。无叶耳，先端微齿裂。圆锥花序开散，穗轴直立或下垂，由4～6节组成，下部各节分枝较多。小穗着生于分枝顶端，每小穗有小花2～6朵，稃片宽大，斜长卵形，膜质。颖果纺锤形，外稃具短芒或无芒，种子千粒重36g。适宜温暖湿润气候，抗寒耐旱。分蘖较多，叶片肥厚，细嫩多汁，适口性好，蛋白质可消化率高，营养丰富。

栽培技术要点

播种前深翻松耙，清除杂物，施足底肥磷酸钙。种植地四周挖排水沟，以便排水和灌溉，防止后期出现倒伏现象。10月上旬至下旬播种，撒播，播种量90～120kg/hm²。及时查苗补缺、防除杂草、施肥、排灌并防治病虫害，确保满足正常生长发育的水肥需求。1—3月易出现病虫害，应及时处理。主要用于西南区冬闲田种植，抽穗至开花期刈割利用，可作为青饲或调制青贮饲料。

适宜推广区域

适宜于四川、贵州和重庆的平坝及丘陵山区种植。

6 '梦龙'燕麦

Avena sativa L. 'Magnum'

编　　号：国 S-IV-AS-013-2021
品种类别：引进品种
审定机构：国家林业和草原局草品种审定
　　　　　委员会
选育单位：四川省草原科学研究院
　　　　　北京百斯特草业有限公司

品种特征特性

禾本科一年生草本植物。根系发达，茎秆粗壮直立，株高130～185cm。叶鞘光滑，叶舌大，叶片扁平、墨绿色。圆锥花序，穗轴直立，穗长18～30cm。外稃无毛，有短芒，颖果腹面有纵沟。种子草黄色，千粒重42g。自花授粉，适于凉爽湿润地区种植。在四川红原气候条件下，5月初播种，9月初乳熟，9月中下旬种子成熟，生育期134天。分蘖能力强，抗倒伏、抗寒、抗病。

栽培技术要点

播前翻耕、耙旋平整地面；除卧圈地外，施腐熟牛羊粪 15 000～30 000kg/hm² 或复合肥（N∶P∶K= 15∶15∶15）150～225kg/hm² 作基肥。高寒牧区4月底至5月中旬播种最佳，盆周山区可利用冬闲田秋播种植。条播或撒播，条播行距 20～40cm，播种量 120～180kg/hm²，播种深度 2～3cm。播后轻旋盖种或牛羊践踏盖种。苗期易受杂草危害。三叶期后，视杂草情况，可选择晴朗天气喷施选择性除草剂防治杂草。分蘖期至拔节期追施尿素 150～225kg/hm²。乳熟期稍高于地面刈割，可用于制作青干草或调制青贮草料。

适宜推广区域

适宜于川西、甘南等青藏高原东部、北方冷凉地区以及南方农区冬闲田种植。

7 '苏特'燕麦
Avena sativa L. 'Shooter'

编　　号：589
品种类别：引进品种
审定机构：全国草品种审定委员会
选育单位：四川省草原科学研究院
　　　　　四川农业大学
　　　　　北京正道农业股份有限公司

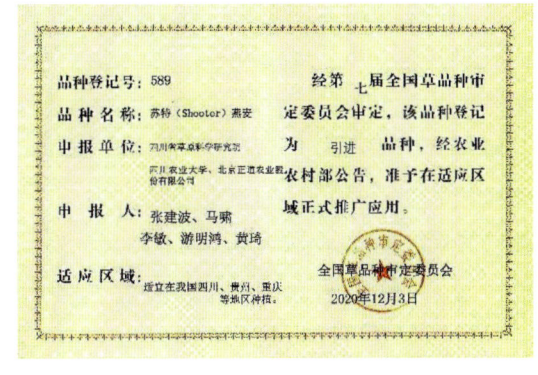

品种特征特性

禾本科一年生冷季型草本植物。植株高大，140～170cm。须根发达。茎直立光滑。叶片扁平宽大，深绿色，长 40～60cm，宽 2～3cm。圆锥花序开散，小穗柄弯曲下垂，每小穗含 2～4 小花。颖果纺锤形，种子千粒重为 30～40g。喜冷凉气候，叶片扁平宽大，分蘖数、叶片长宽及株高显著高于一般品种，叶量丰富，细嫩多汁，适口性好，可消化率高，抗逆性和抗病性强。

栽培技术要点

播种前整地，除净杂草和杂物，施足基肥，一般按每公顷施钙镁磷肥 600kg 或复合肥 150kg。在我国西南农区播种适宜在 9 月下旬至 10 月中旬进行，在高海拔地区适宜春播。以条播为宜，条播行距 30cm，播种深度约 1cm，播种量为 25g/m²。幼苗期需除杂草，并注意防治地老虎等害虫。分蘖初期或中期施尿素 70kg/hm² 作为提苗肥，孕穗期再施尿素 70kg/hm²。抽穗期刈割品质好，可用作青饲料；如要获得更高产量，可在初花期刈割，用于制作干草或青贮。

适宜推广区域

适宜于四川、贵州、重庆等地区种植。

8 '川西'扁穗雀麦
Bromus catharticus Vahl. 'Chuanxi'

编　　号：592
品种类别：野生栽培品种
审定机构：全国草品种审定委员会
选育单位：四川农业大学
　　　　　四川省草原科学研究院

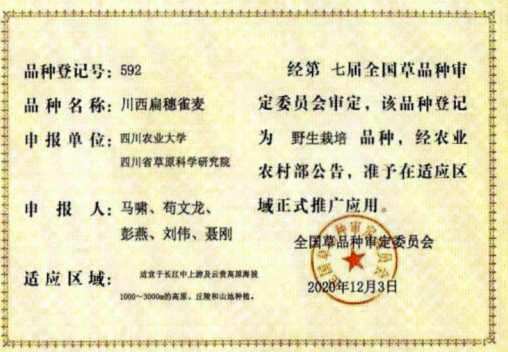

品种特征特性

禾本科一年生或短期多年生草本植物。株高130～170cm，丛生，具5～7节，茎粗6～8mm，叶片长35～45cm，叶片宽9～17mm，茎部叶鞘有较密集柔毛。圆锥花序疏松，小穗两侧极压扁，有小花6～11朵。种子成熟时呈淡黄色，有芒，千粒重8～10g，结实率高，单穗种子粒数90～200粒，成熟时种子易脱落。喜温暖湿润气候，最适宜生长气温10～25℃，不耐35℃以上高温，耐旱，不耐积水。喜肥沃黏重的土壤，也能在盐碱地及酸性土壤中良好生长。在北方多为春播，在南方春、秋均可播种。秋播生育期可达230天左右，每年可刈割3～4次。

栽培技术要点

耕地前施入腐熟的农家肥20 000kg/hm² 或钙镁磷肥500kg/hm² 作底肥，用旋耕机对土壤进行适宜的翻耕，把表土层耙细整平，使底肥与细碎的土壤混合。长江流域及以南地区适宜秋播期为9月下旬至10月中下旬,也可春播,春播期为3月下旬至4月中旬。条播和撒播均可,但以条播为宜,播种深度2~3cm,播种后及时镇压。条播行距25~30cm。牧草生产时,条播播种量45~60kg/hm^2,撒播播种量60~90kg/hm^2,还可以与箭筈豌豆、紫花苜蓿等直立型豆科牧草进行混播,以并行混播播种为宜,用种量占30%~35%。幼苗进入三叶期除杂后,施尿素75kg/hm^{2}作为提苗肥。每次刈割利用后追施尿素120kg/hm^2。入冬早春前施尿素45kg/hm^2,注意入夏前后停止刈割或放牧,可进行1次中耕,并追施尿素、硫酸钾各150kg/hm^2。在降水量低于500mm的

地区可适当灌溉。苗期生长比较缓慢，应加强杂草防控。生长期若有锈病、白粉病等病害和蚜虫等虫害发生，应及时按照农药安全使用标准选用国家规定的药物进行防治。可刈割调制青干草或青贮利用，也可直接放牧利用。刈割利用一般在抽穗期进行，留茬高度5～6cm。调制青干草时，宜选择干燥晴朗天气进行刈割晾晒，当上层植物含水量约40%时进行翻晒，待牧草水分低于18%时即可打捆或堆垛。调制青贮料时，刈割后摊晒至水分含量为65%～75%时，填入青贮窖中青贮，一般最好与豆科牧草一起进行混合青贮。放牧利用要进行合理的划区轮牧，一般20天左右放牧一次，不可重度放牧，放牧强度应根据放牧后牧草高度来确定，保持5cm留茬高度为宜。开始放牧应在牧草孕穗期进行，结束放牧应在牧草生长发育结束前30～40天。

适宜推广区域

适宜范围广，最适于长江中上游及云贵高原海拔1 000～3 000m的高原、丘陵和山地种植，在华北和西北地区也可作为一年生牧草利用。

9 '黔南'扁穗雀麦
Bromus catharticus Vahl.'Qiannan'

编　　号：360
品种类别：野生栽培品种
审定机构：全国草品种审定委员会
选育单位：贵州省草业研究所
　　　　　四川农业大学

品种特征特性

禾本科一年生或短期多年生草本植物。须根系，根系发达，茎秆直立。株高110～170cm，丛生，叶片黄绿色，叶量大，叶片长34～46cm，叶片宽11～14mm。圆锥花序，种子长15mm，千粒重16g。种子及产草量高，种子产量每亩100～130kg，鲜草产量每亩4 500～5 200kg。该品种营养成分丰富，拔节期粗蛋白质含量17.3%、粗脂肪含量4.4%、粗纤维含量32.2%、无氮浸出物含量31.0%。喜冷凉湿润气候，冬季青绿，春秋季生长旺盛，4—5月开花结实。可用于建植放牧草地或刈割草地，宜秋播，播种量每亩4～5kg；适口性好，牛、羊、马等草食牲畜喜食。

适宜推广区域

适宜于西南区海拔500～2 300m及类似生态地区种植。

10 '川南'狗牙根
Cynodon dactylon (L.) Persoon 'Chuannan'

编　　号：354
品种类别：野生栽培品种
审定机构：全国草品种审定委员会
选育单位：四川农业大学
　　　　　四川省燎原草业科技
　　　　　有限责任公司

品种特征特性

　　禾本科多年生根茎型草本植物。根系发达，质地细腻，草层均匀致密，自然高度为 12～23cm。具发达匍匐茎，茎紫红色，节间长 24～36mm，叶片线形，叶长 14～20mm，宽 1～2mm，叶碧绿色。穗状花序 3～4 枚呈指状簇生于秆顶部，高 17～25cm，花序长 3～4cm，小穗长 1.9～2.2mm。种子颖果，千粒重 0.23g。春末夏初移栽，一般栽后 20 天开始分蘖，40 天后成坪。翌年 3 月上旬返青，生育期 115 天左右，川渝地区青绿期为280～300天。抗寒、抗旱能力强，耐低剪（修剪高度≤1cm）。

栽培技术要点

长江中下游地区，移栽播种期为春末夏初或夏季，在较温暖地区可提早至仲春。以无性繁殖为主。可采用穴距约10cm或行距约20cm进行种茎移栽；也可种茎撒播，将营养体切成含3～4节的茎段撒在土表，播种量为150～200g/m²，然后覆土镇压，保持土壤湿润。最适修剪高度为2.0～3.0cm。干旱季节，每周需浇水一次。全年施肥3～4次，包括返青肥1次，夏季追肥2次，施尿素15～20g/m²。

适宜推广区域

适宜于我国西南及长江中下游地区种植。

11 '川西' 狗牙根
Cynodon dactylon (L.) Persoon 'Chuanxi'

编　　号：529
品种类别：野生栽培品种
审定机构：全国草品种审定委员会
选育单位：四川农业大学
　　　　　成都时代创绿园艺有限公司

品种特征特性

禾本科多年生匍匐型草本植物，具地下根茎。自然高度为5～7cm，具发达的匍匐茎，匍匐茎紫褐色，节间长2～4cm，叶片线形，叶长1～3cm，宽2mm，叶片绿色。穗状花序3～6枚呈指状簇生于秆顶部，生殖枝高17～26cm，花序长3～4cm，小穗长1.9～2.2mm。匍匐茎发达、叶片短而窄，匍匐茎纤细、节间短，草层低矮致密、均一性好、抗寒性强、冬季保绿性好、绿期长、抗旱性突出、抗病虫能力强、耐践踏，适合粗放管理。

栽培技术要点

适宜春末夏初或夏季栽植，较温暖地区可提早至仲春。以无性繁殖为主。采用种茎穴栽或行栽，匍匐茎段撒播、蔓植法建坪。栽植后覆土镇压，并及时浇水。最适修剪高度为2～3cm。在生长旺季每1～2周修剪1次。成坪后干旱季节每周需浇水1次。返青肥、夏季6月、8月及秋季各施肥1次。各时期及时进行杂草防除。夏、秋季为病、虫害的高峰期，应有针对性地进行预防及防治。可广泛应用于绿地草坪、运动场草坪、裸露边坡植被恢复和水土保持草坪建设。

适宜推广区域

适宜于我国西南及长江中下游中低山、丘陵、平原及其他类似生态地区种植。

12 '天府'狗牙根
Cynodon dactylon (L.) Persoon 'Tianfu'

编　　号：645
品种类别：野生栽培品种
审定机构：全国草品种审定委员会
选育单位：四川省草业技术研究推广中心

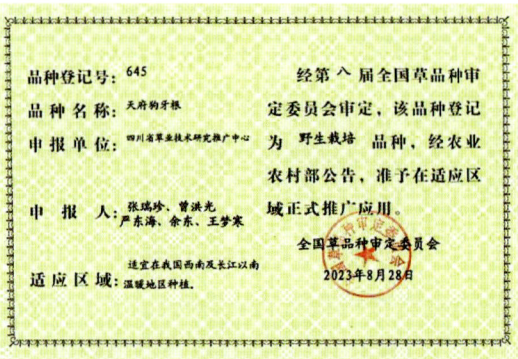

品种特征特性

禾本科多年生暖季型草本植物。具有发达的根茎和匍匐茎，根系入土深度约20cm，匍匐茎发达且呈紫褐色；匍匐茎节间长16～28mm，茎粗0.7～1.2mm。叶片条形，长16～30mm，宽1.5～1.9mm。草层均匀致密，高度4～6cm。小穗长1.5～2.5mm。在四川结实率低或不结实，主要以根茎繁殖为主。繁殖能力强，成坪速度快，耐践踏。绿期长，全年绿草期280天以上。

栽培技术要点

无性繁殖，4月中旬至8月中旬均可。播前精细整平土地。种茎穴栽、行栽或匍匐茎段撒播、蔓植、扦插建植草坪均可。种茎穴栽时，穴距10cm；撒播时，将营养体切成含3～4节的茎段撒在土表，播种量为150～200g/m²，覆土镇压。蔓植时以15～20cm间距开5～8cm深的沟，将营养体均匀地播于沟内，覆土镇压。扦插时用含3～4节的草段扦插繁殖，每平方米插100个茎段。建植后需及时浇水，保持土壤湿润直至返青成坪，及时除草、施肥。修剪高度2～3cm，生长旺季每周修剪1次，每10天左右施N、P、K复合肥1次。适用于环境美化、生态修复和运动场草坪建植。

适宜推广区域

适宜于我国西南及长江以南湿润地区种植。

13 '安巴'鸭茅
Dactylis glomerata L. 'Anba'

编　　号：308
品种类别：引进品种
审定机构：全国牧草品种审定委员会
选育单位：四川省金种燎原种业科技
　　　　　有限责任公司
　　　　　四川省草原工作总站

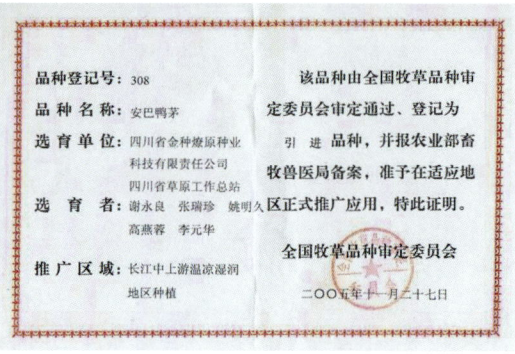

品种特征特性

禾本科多年生草本植物。疏丛型，须根系，株高70～150cm。基生叶丰富，叶色中绿，叶量充足。圆锥花序，异花授粉，每穗小穗数约35个，每穗有小花8～14朵。种子千粒重1.3g。喜湿润而温凉的气候，最适生长温度为昼夜21℃/12℃，高于28℃时生长受阻；耐热性和耐寒性均优于多年生黑麦草。对土壤的适应性较广，较耐酸性土壤而不耐盐碱，在肥沃的壤土或黏壤土上生长最为旺盛。耐阴性强，阳光不足或遮蔽条件下仍能良好生长，适合混播及在疏林地或果园中种植。草质柔嫩，适口性好，是草食畜禽和草食性鱼类的优质饲草。每年可刈割3～4次，干草产量可达9 600～15 000kg/hm^2。

栽培技术要点

可秋播、春播，秋播不迟于9月下旬，春播在3月下旬。条播行距20～30cm，播种量15～22.5kg/hm^2；撒播播种量22.5～30kg/hm^2。还可与白三叶、红三叶、多

年生黑麦草等混播，建植混播草地。对肥料敏感，在生长季节及刈割后追施速效氮肥，可显著提高产草量。适宜青饲、调制干草或青贮，亦可放牧利用。

适宜推广区域

适宜于长江中上游温凉湿润地区种植。

14 '阿鲁巴'鸭茅

Dactylis glomerata L.'Aldebaran'

编　　号：500
品种类别：引进品种
审定机构：全国草品种审定委员会
选育单位：四川农业大学
　　　　　西南大学
　　　　　四川省金种燎原种业科技
　　　　　有限公司

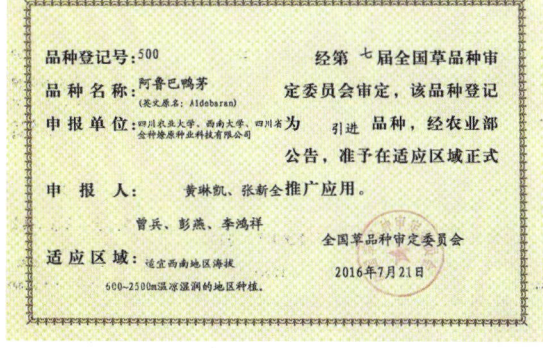

品种特征特性

禾本科多年生疏丛型草本植物。晚熟，须根，直立，植株高度90～110cm。叶片蓝绿色，叶长15～25cm，中脉突出，断面"V"形。种子长3.0～4.5mm，外稃具短芒，千粒重约1g。抗旱、抗病、耐寒，适应性好。最适生长气温为昼夜21℃/12℃，气温高于28℃生长受阻。叶量大、分蘖多、草质柔软、适口性好。每年可割草4～5次，再生能力强，理想条件下可利用5～8年或更长。年均干草产量6～12t/hm²。

栽培技术要点

适合多种土壤种植，但不耐盐碱，耐阴性好，可在林下种植。由于种子较小，苗期生长慢，播前需精细整地，贫瘠土壤施用底肥可显著增产。春播或秋播，秋播以9—11月为宜，行距20～30cm，浅播，播种量19～22kg/hm²，与三叶草等混播时，可撒播，播种量5～10kg/hm²。苗期结合中耕松土及时除草；每2～3次刈割或放牧后可施尿素60～100kg/hm²；分蘖期、拔节期、孕穗期或冬春干旱时，有条件的地方要适当沟灌补水。抽穗期刈割利用，留茬高度5cm。

适宜推广区域

适宜于西南地区海拔600～2 500m温凉湿润地区种植。

15 '宝兴' 鸭茅
Dactylis glomerata L. 'Baoxing'

编　　号：197
品种类别：野生栽培品种
审定机构：全国牧草品种审定委员会
选育单位：四川农业大学

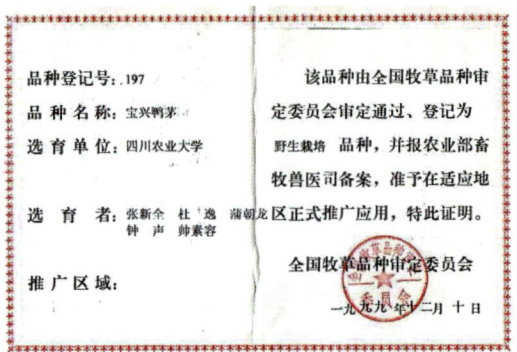

品种特征特性

禾本科多年生草本植物。根系发达，

茎直立，高 150～170cm，茎基扁状且光滑，基生叶丰富。叶片长而软，长约 35cm，宽 9～13cm，叶面及边缘粗糙。其穗状分枝形成 10～20cm 长的圆锥花序。小穗长 8～9mm，每小穗有小花 3～5 朵。种子长 6～7mm，中宽 1mm，千粒重约 1g。喜温凉湿润气候，耐热性较强，抗寒、抗病、耐瘠薄、耐阴，持青期长。适宜生长在湿润肥沃的黏土或黏壤土。最适生长温度为 10～31℃，年降水量 480～750mm。生育期 225～230 天。

栽培技术要点

长江流域一般适宜秋播，以9—10月为最佳播种期。条播时，播种量15～18kg/hm²，行距25～30cm，播深2～3cm。种子田播种量可适当减少。除单播外，还可与白三叶、红三叶、黑麦草等混播建成人工草地。种子约在6月中旬成熟，易于脱落，需注意分期收获。苗期生长快，幼苗细弱，播前需精细整地并注意防除杂草；收干草以刚抽穗时刈割最佳，在瘠薄的土壤上，除施足基肥外，每利用1～2次后还应结合灌溉施尿素60～90kg/hm²。

适宜推广区域

适宜于长江中上游丘陵、平原和海拔600～2 500m的山地温凉地区种植。

16 '川东' 鸭茅
Dactylis glomerata L. 'Chuandong'

编　　号：262
品种类别：野生栽培品种
审定机构：全国牧草品种审定委员会
选育单位：四川长江草业研究中心
　　　　　四川省草原工作总站
　　　　　四川省达州市饲草饲料站

品种特征特性

禾本科多年生疏丛型直立草本植物。基生叶丰富，株高90～140cm。圆锥花序，异花授粉。小穗长8～9cm，种子长5～6mm，千粒重1～1.3g。干物质产量高达17 209kg/hm²，种子产量高达800kg/hm²。牧草品质好，蛋白质含量在17%左右。耐热、抗夏季伏旱、全年无明显枯黄期，再生能力强，是一个适宜长江流域部分亚热带地区种植的优良鸭茅品种。

栽培技术要点

整地精细，并挖好排水沟。9—10月（亦可3—4月）播种，行距30cm，播深1～1.5cm，用种量10～15kg/hm²。苗期除杂草，播后浇水；出苗10cm时施尿素45kg/hm²，以后每次刈割后松土1次，割后第2～3天施尿素60～90kg/hm²。第一次刈割高度30cm，以后每次刈割高度40～50cm，留茬高度5cm。

适宜推广区域

适宜于长江流域高温湿润平原及中低山地区种植。

17 '滇北'鸭茅
Dactylis glomerata L. 'Dianbei'

编　　号：464
品种类别：野生栽培品种
审定机构：全国草品种审定委员会
选育单位：四川农业大学
　　　　　云南省草地动物科学研究院

品种特征特性

禾本科多年生草本植物。根系发达，茎直立，株高 115～135cm，茎基呈扁状。基生叶丰富，成熟植株叶片长约 44cm，宽 12～15mm。其穗状分枝形成 20～30cm 长的圆锥花序；小穗长 6～9mm，每小穗有小花 2～5 朵。种子长 2～3mm，宽 0.7～0.9mm，千粒重约 1g。在西南山区秋播后，翌年2月下旬进入拔节期，4月中下旬开始抽穗开花，5月下旬或6月初种子成熟，生育期245～264天。

栽培技术要点

采用种子繁殖，长江流域适宜秋播，以9—10月为最佳播种期。播前精细整地，条播，播种量15～18kg/hm²，行距25～30cm，播幅3～5cm，播深1～1.5cm，细土拌草木灰覆盖种子。盖后浇水，使种子与土壤充分接触，以利发芽。在瘠薄的土壤上，除施足基肥外，每利用1～2次后，还应结合灌溉每公顷追施60～90kg尿素。注意早期合理地施肥和灌溉，并选用无病虫害的种子进行播种。播种后约5天出苗，

幼苗生长较为缓慢，苗期应注意防除杂草，并在温暖潮湿时预防锈病。以抽穗期刈割较好，延期收割会影响牧草品质和再生能力，留茬高度5cm。除单播外，还可与白三叶、黑麦草等混播，以建成高产、优质的人工草地。

适宜推广区域

适宜于西南丘陵、山地温凉湿润地区种植，海拔600～2 500m为最适区域。

18 '古蔺'鸭茅
Dactylis glomerata L.'Gulin'

编　　号：143
品种类别：野生栽培品种
审定机构：全国牧草品种审定委员会
选育单位：四川省古蔺县畜牧局

品种特征特性

禾本科多年生草本植物。株高110～130cm，茎粗6～7mm。叶长33～37cm，叶宽1.1～1.3cm，叶色深绿，无叶耳，叶片紧包茎秆，叶背面有粗茸毛。圆锥花序开展，分枝单生，小穗聚集于分枝上部一侧而呈球形，外稃有1mm长的短芒。种子千粒重1g。适宜生长温度10～25℃，耐弱酸性土壤。根系发达，固沙保土能力强。抗旱耐寒。在连续两周35℃高温天气下，生长虽然停滞但不死亡，在-6℃条件下能安全越冬。抗病虫害能力很强，多年来种植未见明显病虫害。使用年限较长，从第二个产草周期开始进入丰产期，可稳定产量4～6年，草场管理得当使用年限可超过10年。平均分蘖达51株，生长快，年刈割次数可达4～6次，鲜草产量52 500kg/hm^2，种子产量300～450kg/hm^2。孕穗期干物质中，粗蛋白质16.9%、粗纤维28.32%、粗脂肪4.7%、无氮浸出物37.2%、钙0.63%、磷0.24%、粗灰分11.8%。叶量丰富，茎叶比为0.7∶1。

栽培技术要点

整地前除杂草，播种前精细整地。每亩施氮肥10kg、磷肥30kg、钾肥5～10kg作底肥，整地时与土壤混合均匀。播种方式最好采用开厢播种，厢宽1.5～2m为宜。条播行距20cm，播深2～3cm，覆土宜浅。开厢撒播时，播种前可先对种子着色并顺风向播种以便观察，播后最好用扫帚等工具拍打土面，使种子与土壤紧密接触以利发芽。播种季节以秋季为佳，春季也可播种但需防范杂草侵袭。单播量0.8～1.0kg/亩，混播量0.5～0.8kg/亩。如果秋季开厢条播，需在翌年4月左右除草1次。宜在孕穗前刈割利用，刈割高度为40cm左右，留茬2～3cm。每次刈割后追施尿素10～15kg/亩。鲜草牛、羊、兔、鹅、鱼均喜欢采食，也可用于青贮和晒制青干草。适时刈割，草质鲜嫩，营养丰富且适口性好，亦可提高产草量，每年可刈割4～6次。

适宜推广区域

适宜于四川盆地周边地区、川西北高原部分地区及贵州、云南、湖南、江西山区种植。

19 '渝东'鸭茅
Dactylis glomerata L.'Yudong'

编　　号：608
品种类别：野生栽培品种
审定机构：全国草品种审定委员会
选育单位：四川农业大学
　　　　　西南大学

品种特征特性

禾本科多年生冷季型疏丛草本植物。叶片宽大，成熟植株叶长47～59cm，高133～154cm，茎直立或基部膝曲，茎基扁平。圆锥花序开展，长16～28cm，小穗长6～11mm，每小穗含小花3～6朵，外稃顶端有短芒。种子长6～7mm，千粒重1g。适应性强，对土壤要求不严，耐瘠薄，不耐盐碱，不耐淹。喜温凉湿润气候，抗旱、抗寒、耐阴，对氮肥反应敏感。春季生长速度快、适口性好、耐刈割、再生性好，一年可刈割4～5次，理想条件下可利用5～8年或更长。

栽培技术要点

海拔800m以下地区宜秋播，高海拔地区可春播（3—4月）。条播行距30cm，播幅3～5cm，单播用种量15～19kg/hm^2，与豆科牧草混播时，播种量7.5～10kg/hm^2，播深1～1.5cm。播种后轻缓浇水，以利发芽。分蘖拔节期及每次刈割后追施75～150kg/hm^{2}速效性氮肥。苗期应注意适时中耕除草。若遇涝灾影响正常生长，要及时排涝。前期生长缓慢，后期生长迅速。以抽穗期刈割为宜，延期收割会影响牧草品质和再生能力，留茬高度5cm。可用于青饲、调制干草或青贮，也可用于人工草地建设、天然草地补播改良。

适宜推广区域

适宜于西南温凉湿润地区（海拔700～2 400m最为适宜）及华北地区种植。

20 '涪陵'十字马唐
Digitaria cruciata（Nees ex Steud.）A.Camus 'Fuling'

编　　号：091
品种类别：地方品种
审定机构：全国牧草品种审定委员会
选育单位：四川省武隆县畜牧局

品种特征特性

禾本科一年生草本植物。茎秆高30～120cm，多节，节部具毛。叶片条状披针形，长3～15cm，宽3～10mm。总状花序约13枚，着生于茎顶呈指状排列。小穗灰绿色或紫黑色，卵状披针形至长圆状披针形，2～4个簇生于穗轴各节。第一颖微小，第二颖长为小穗的1/3～1/2。种子成熟后呈深铅绿色。喜温暖湿润气候，耐旱、耐热、耐瘠薄。苗期耐寒性较强，籽实成熟后，经2～3次霜冻，植株即迅速枯萎。各类土壤均可种植，pH值5～8.5内生长正常。对氮、磷肥敏感，施用后能显著提高产草量。抗病虫能力强。分蘖期生长缓慢，拔节期和孕穗期生长迅速。产草量高而稳定，年可刈割二次，鲜草产量50 000～60 000kg/hm^2，茎叶柔软，适口性好，品质优良。

适宜推广区域

适宜于四川、云南的十字马唐自然分布区种植。

21 '川西'短芒披碱草
Elymus breviaristatus（Keng）Keng f. 'Chuanxi'

编　　号：571
品种类别：野生栽培品种
审定机构：全国草品种审定委员会
选育单位：四川省草原科学研究院

品种特征特性

禾本科多年生草本植物。全株浅灰绿色，茎秆疏丛生且直立，叶片扁平。穗状花序下垂，通常每节具2枚小穗。颖短

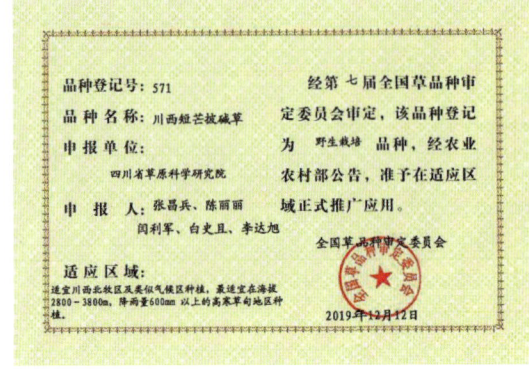

小无芒、外稃具短芒是其显著特点。株高可达 120～130cm，种子成熟一致，易脱落，千粒重 4～5g。播种当年一般不能形成生殖枝，春季返青早，生育期约 120 天，生长天数约 150d。耐寒，抗病虫害能力强。叶量中等，适于在开花期利用，产量高，干草产量较对照分别平均增产 19.7% 和 13.2%。

栽培技术要点

寒温带及亚寒带地区适于春播，川西北牧区适宜播种期为5月中下旬至6月初。播种前耙碎土块，整平地面，并结合整地施足底肥。饲草生产条播（行距30～40cm）或撒播，播种量22.5～30kg/hm^2；种子生产以条播为宜（行距40～60cm），播种量18～22.5kg/hm^2；播种深度1～2cm。分蘖至拔节期酌情施速效氮肥，每次刈割后及时施120～180kg/hm^{2}复合肥；种子生产以磷肥、钾肥为主，少施氮肥。一般无病虫为害。在开花期进行刈割，留茬高度5～6cm。在川西北牧区一年收获1次，一般在7月底至8月初收获。

适宜推广区域

适宜于川西北牧区及类似气候地区种植，最适海拔2 800～3 800m、年降水量600mm以上。

22 '阿坝'垂穗披碱草
Elymus nutans Griseb. 'Aba'

编　　号：407
品种类别：野生栽培品种
审定机构：全国草品种审定委员会
选育单位：四川省草原科学研究院

品种特征特性

禾本科多年生草本植物，疏丛型上繁草。根系发达，适应性强，对土壤条件要求不高，在瘠薄、弱酸、微碱或含腐殖质较高的土壤中均生长良好。苗期生长缓慢，种植后翌年牧草产量高，鲜草和干草产量平均比对照甘南垂穗披碱草增产13.6%和18.5%。抗寒，在海拔3 000～4 500m的地区可安全越冬。耐贫瘠、耐寒、耐旱、不耐水淹、抗病虫害。营养枝多，叶量丰富，适口性好，适于刈牧兼用，可调制优质青干草。

栽培技术要点

川西高原和山地温带气候区域适宜种植，一般选择5月至6月中旬春播。单播或混播。单一人工草地播种量22.5～45kg/hm^2，免耕补播改良播种量15～22.5kg/hm^2。禾豆混播以禾本科70%～75%、豆科25%～30%的比例用种；两种禾本科混播时各以单播用量的70%用种；3种禾本科混播时各以单播用量的50%用种。播深1～2cm。分蘖至拔节期追施尿素75～150kg/hm^2，牧草刈割后视情况追施复合肥（N∶P∶K=15∶15∶15）75～150kg/hm^2。

适宜推广区域

适宜于青藏高原东部及北方寒冷地区种植,年降水量 600mm 以上为最适区域。

23 '康巴'垂穗披碱草
Elymus nutans Griseb. 'Kangba'

编　　号:307
品种类别:野生栽培品种

审定机构：全国牧草品种审定委员会
选育单位：四川省草原工作总站
四川省金种燎原种业科技有限责任公司
四川省甘孜州草原工作站

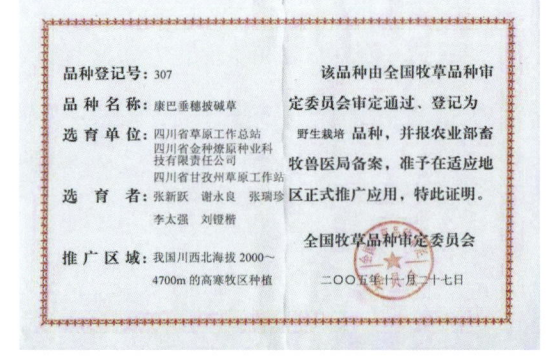

品种特征特性

禾本科多年生草本植物。株高60～120cm。叶片扁平，长6～10cm，宽3～5mm。穗状花序较紧密，长10～16cm，小穗含小花3～4朵。颖果长圆形，顶端延伸成向外反曲的长芒，芒长12～20mm，种子千粒重2.4g。适应性强，耐寒，较耐瘠薄，抗倒伏能力相对较差。播种当年生长速度快，次年返青早。干草产量7～8t/hm²，粗蛋白含量10.3%。根系发达，分蘖力强，再生性能好。

栽培技术要点

种子需直播，并结合整地酌情施基肥。种子需脱芒处理。春播、夏播或秋播。春播多在4—5月进行，牧草生产条播或撒播，条播行距30cm，播种量22.5kg/hm²；撒播每亩播种量3kg。种子生产条播，行距80cm，播种量15kg/hm²，播种深度2～3cm。苗期生长缓慢，中耕除草。种子生产时应适当施钾肥，尽量少施氮肥，及时收种和刈割残茬。抽穗期草质优良，营养价值高，可调制青干草。如在开花后刈割，粗纤维增

加，质量下降。

适宜推广区域

适宜于海拔 2 000～4 700m 的高寒牧区种植。

24 '康北'垂穗披碱草
Elymus nutans Griseb. 'Kangbei'

编　　号：527
品种类别：野生栽培品种
审定机构：全国草品种审定委员会
选育单位：四川农业大学
　　　　　西南民族大学
　　　　　甘孜藏族自治州畜牧业
　　　　　科学研究所

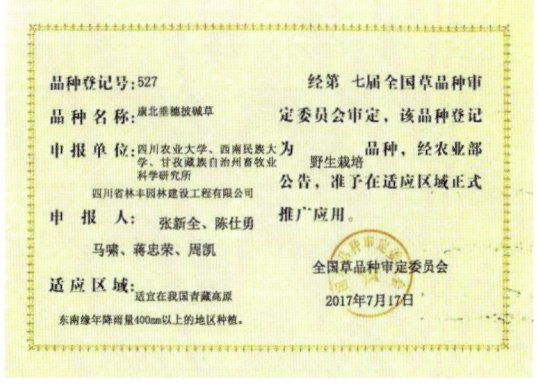

品种特征特性

禾本科多年生草本植物，疏丛型上繁草。根系发达，茎秆特别直立，基部稍有屈膝，植株粗壮高大，株高 115～140cm，叶长 6～25cm，宽 7～15mm。穗状花序较紧密且下垂，开花期略带紫色，长 16～28cm。颖果长椭圆形，深褐色，外稃延长成为芒，长 18～23mm，成熟后芒稍展开或向外反曲，种子千粒重约 4g。分蘖能力强，抗寒性强，抗病虫害；直立性强，抗倒伏。在四川甘孜道孚地区的栽培条件下，5 月上中旬播种，两周后出苗，1 个月左右开始分蘖。播种当年部分植株能够完成生育期。翌

年3月下旬或4月上旬返青，6月下旬孕穗，7月上旬抽穗，7月中下旬开花，8月中下旬种子成熟，生育期达到150～160天。

栽培技术要点

在青藏高原一般进行春播，最适宜播种期为4月中旬至5月中旬。可单播，也可混播；可条播亦可撒播；以条播为主，行距30cm为宜。种子用价为100%时，条播的播种量30～37.5kg/hm^2，撒播的播种量37.5～45kg/hm^2。牧草生产每年在分蘖拔节期施75～150kg/hm^{2}尿素和45～75kg/hm^{2}复合肥。

适宜推广区域

适宜于我国青藏高原东南缘年降水量400mm以上的地区种植。

25 '康南'垂穗披碱草
Elymus nutans Griseb. 'Kangnan'

编　　号：国 S-WDV-EN-013-2020
品种类别：野生驯化品种
审定机构：国家林业和草原局草品种审定
　　　　　委员会
选育单位：西南民族大学
　　　　　四川农业大学

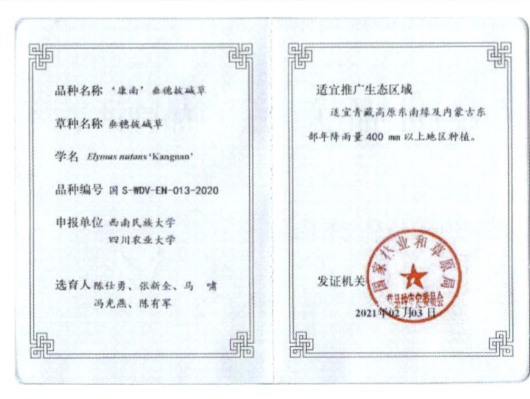

品种特征特性

禾本科多年生草本植物，疏丛型上繁草。株高125～148cm，具3～5节。叶长9～18cm，叶宽7～12mm。穗状花序较紧密且下垂，略带紫色，长20～28cm，具30～34节，每节含2～4个小穗。颖长圆形，长4～6mm，具短芒；颖果长椭圆形，深褐色，外稃延长成为芒，长1～1.8cm。种子千粒重3～4g。适宜在高寒半湿润的环境中生长，在甘孜道孚地区的栽培条件下，5月上中旬播种，2周后出苗，1个月开始分蘖。播种当年，部分植株能够完成其生育期。翌年3月下旬或4月上旬返青，6月下旬孕穗，7月上旬抽穗，7月中下旬开花，8月中下旬种子成熟，生育期150～160d。干草产量5 000～8 000kg/hm^2，种子产量800～1 200kg/hm^2。

栽培技术要点

在青藏高原地区适宜进行春播，最佳播期为4月中旬至5月中旬。条播时行距20～30cm，播种量30～37.5kg/hm^2；撒播时播种量37.5～45kg/hm^2，播种深度3～5cm，也可与中华羊茅、草地早熟禾、箭筈豌豆等进行混播。抽穗期收获时营养价值最高，收种和刈割牧草时留茬高度以5～8cm为宜。

适宜推广区域

适宜于川西北高寒牧区种植。

26 '阿坝'老芒麦
Elymus sibiricus L. 'Aba'

编　　号：392
品种类别：野生栽培品种
审定机构：全国草品种审定委员会
选育单位：四川阿坝大草原草业科技有限责任公司
　　　　　四川省金种燎原种业科技有限责任公司
　　　　　阿坝州草原工作总站

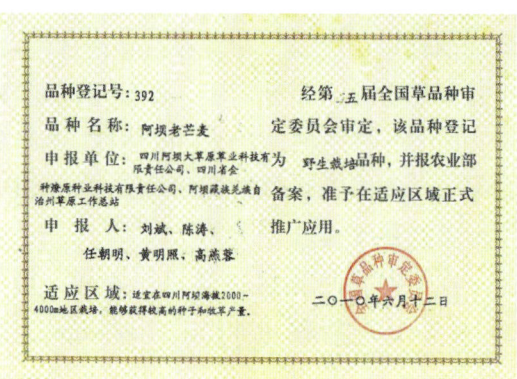

品种特征特性

禾本科多年生疏丛型草本植物。株高60～120cm，须根发达，茎秆直立。叶长10～20cm，宽5～8mm。穗状花序，小穗排列较疏松，穗长15～20cm，每个小穗有小花4～5朵。颖果长扁圆形，芒长12～20mm，种子千粒重4～5g。返青早，青

草期长，叶层高，叶量丰富。干草产量约 8 000kg/hm²，种子产量约 1 000kg/hm²。抽穗期粗蛋白质含量 12.1%，粗脂肪含量 2.6%，粗纤维含量 37.5%，无氮浸出物含量 31.4%，粗灰分含量 4.4%，钙含量 0.4%，磷含量 0.1%。

栽培技术要点

4月中旬至5月中旬播种。结合整地施入复合肥 150 ～ 225kg/hm² 或腐熟的牛羊粪作为底肥。牧草生产条播播种量 22.5 ～ 30kg/hm²，撒播播种量 30 ～ 37.5kg/hm²。在分蘖拔节期可追施 75 ～ 120kg/hm² 尿素等肥料。种子生产时行距 40 ～ 60cm，播种量 15 ～ 22.5kg/hm²，播种深度 1 ～ 2cm。在抽穗期或盛花期刈割利用，留茬 5cm。

适宜推广区域

适宜于四川阿坝海拔 2 000 ～ 4 000m 的地区种植。

27 '川草1号'老芒麦
Elymus sibiricus L. 'Chuancao No.1'

编　　号：052
品种类别：育成品种
审定机构：全国牧草品种审定委员会
选育单位：四川省草原所

品种特征特性

禾本科多年生草本植物。疏丛型，须根密集。茎秆直立或基部稍倾斜，叶鞘光滑，下部叶鞘长于节间。叶舌短，膜质，长 0.5 ～ 1mm。叶片扁平内卷，长 10 ～ 20cm，宽 5 ～ 10mm，两面粗糙或下面平滑。穗状花序疏松下垂，长 15 ～ 25cm，小穗灰绿色或略带紫色。颖狭披针形，内外颖等长，长 4 ～ 5mm，芒稍开展或反曲，长

10～20mm。颖果长椭圆形，易脱落。适应性强、抗寒、耐旱、耐碱、耐瘠薄、抗风沙。年产鲜草每亩2 100～2 500kg，草地利用期5～7年。播种当年生长较慢，2～5年为生长盛期。适口性好，家畜均喜采食。

栽培技术要点

川西北高原5—6月中旬播种。种子生产时行距40cm，播种量15～22.5kg/hm²；饲草生产时行距30～40cm，条播或撒播，播种量27～37.5kg/hm²；播深1～2cm。分蘖期追施尿素75kg/hm²和复合肥45kg/hm²；刈割利用后追施复合肥75～150kg/hm²。在高海拔地区一般无病虫害为害。牧草利用时一般在花期至灌浆期留茬5～6cm。收种时一般在80%种子进入蜡熟期时开始，并及时刈割残茬。本品种还可用于护坡和水土保持。

适宜推广区域

适宜于川西北高原及类似气候区种植。

28 '川草2号'老芒麦
Elymus sibiricus L. 'Chuancao No.2'

编　　号：83
品种类别：育成品种
审定机构：全国牧草品种审定委员会
选育单位：四川省草原研究所
　　　　　（现四川省草原科学研究院）

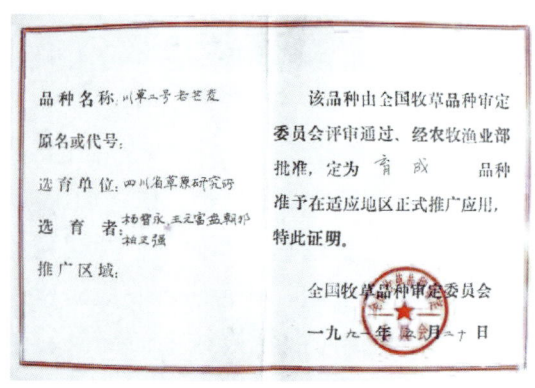

品种特征特性

禾本科多年生草本植物。平均株高123cm，茎秆粗细中等，具5～6个伸长节间。基部弯曲，中上部直立。叶片基部斜伸至中上部弯垂呈弧形。茎节和叶枕淡紫色，叶鞘和叶片的绿色深浅中等偏淡。穗状花序长19cm，具穗节约30个。穗色具有两种类型，一种为灰绿带紫色。颖长约为稃的1/2且具短芒，外稃灰绿色，基部及脉呈淡紫色长芒，芒长约12mm。另一种为紫红色类型，外稃、颖和芒均呈紫红色。种子千粒重4g。无严重病虫害，极耐寒。播种后2～5年，粗蛋白质含量8.3%，鲜草产量达1 800～2 000kg/亩，种子产量65kg/亩。

栽培技术要点

5—6月中旬春播、9月中旬至10月中旬秋播。建植单一人工打贮草地时，条播或撒播。条播行距30～40cm，播种量1.5～2kg/亩，撒播播种量1.5～2.5kg/亩。建植混播人工打草地时，禾豆按7∶3混合。免耕补播改良退化草地时，常采用撒播，播种量1～1.5kg/亩，播深1～2cm。分蘖期追施氮肥2kg/亩、磷肥3kg/亩；刈割后追施复合肥5kg/亩。高温高湿天气若发现黏虫为害，立即喷洒40mL/亩的毒丝本以防止虫害蔓延。盛花期至灌浆期刈割，留茬5～6cm。

适宜推广区域

适宜于青藏高原及喜马拉雅地区种植。

29 '康巴'老芒麦
Elymus sibiricus L. 'Kangba'

编　　号：461
品种类别：野生栽培品种
审定机构：全国草品种审定委员会
选育单位：甘孜州畜牧业科学研究所
　　　　　甘孜州康定情歌牧人有限公司

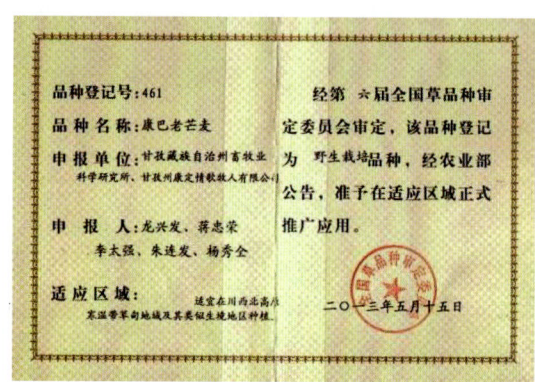

品种特征特性

禾本科多年生草本植物，疏丛型上繁草，中熟。须根系，株高130～140cm，茎直立或基部稍倾斜，淡绿色。叶片扁平，长约24cm，宽1～1.5cm，两面粗糙或下表面平滑，叶鞘光滑，叶舌膜质，无叶耳。适应性强、耐旱、耐寒、抗病，对土壤条件要求不严格。播种当年生长快，苗期长势旺盛，分蘖能力强，越冬性能良好，翌年返青早，生长繁茂，草层密度大，叶量丰富，再生性能好，耐践踏，适于放牧和刈割，也可调制干草。在高寒牧区4—5月播种，13～18天后出苗，出苗后25天开始分蘖，35天开始拔节，翌年3月中旬至4月下旬返青，7月上、中旬开花，8月中旬种子成熟。康巴老芒麦开花后迅速衰老，茎秆较粗硬，适口性不如其他禾本科牧草。但在孕穗至始花期刈割，质地则较柔嫩，青绿多汁，青饲或调制干草，家畜喜食。其再生草亦适于放牧，饲用价值高，一般每亩干草产量达400～600kg，有灌溉条件时可达700kg。结实性好，亩产种子约80kg，鲜草和干草的营养成分均较丰富。

栽培技术要点

地块确定后，视杂草情况选用高效低残留的除草剂或除灌剂进行地面处理。一周后翻耕，同时施用腐熟有机肥15～30t/hm^{2}或复合肥150～225kg/hm^{2}作基肥。干旱且有灌溉条件的地方可在播前灌水，以保持土壤墒情良好。机播前需进行脱芒处理，以增加种子流动性。在川西北牧区主要进行春播，视具体情况可以在4—6月播种。牧草生产以撒播为宜，播种量22.5～30kg/hm^2，草地补播量15～22.5kg/hm^2，播后及时覆土镇压1～2cm。播种当年尤其苗期生长相对缓慢，最好禁牧一段时间，并注意防治杂草及鼠虫害等。分蘖至拔节期可视情况追施复合肥150～225kg/hm^2。在高寒牧区的退化草甸草地、鼠害鼠荒地、撂荒地和牲畜卧圈地进行免耕种草，播种时可选择燕麦、一年生黑麦草、箭筈豌豆等草种混合撒播，播后根据播种地情况选用重耙、轻耙或牛羊践踏等方式覆土，以利于出苗。出苗后主要进行草地杂草和病虫害等防治，同时在分蘖至拔节期可追施复合肥 150～225kg/hm²。

适宜推广区域

适宜于川西北高原寒温带草甸地域及其类似生境地区种植。

30 '麦洼'老芒麦
Elymus sibiricus L.'Maiwa'

编　　号：国 S-WDV-ES-012-2020
品种类别：野生驯化品种
审定机构：国家林业和草原局草品种审定委员会
选育单位：四川省草原科学研究院

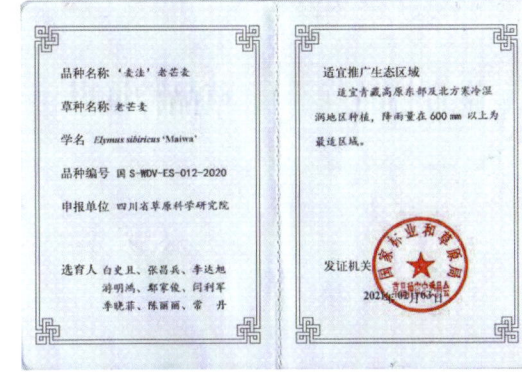

品种特征特性

禾本科多年生草本植物。株高 100～130cm，茎秆疏丛直立，基部膝曲，具 3～5 节。叶鞘光滑，叶片扁平，有时正面生短柔毛，旗叶宽 9.6mm、长 9.8cm，穗状花序松散下垂，小穗均匀排列于花序轴上，每节具 2 小穗。茎叶绿色，穗紫红色，株体不被蜡质灰粉。种子千粒重约 4g。在四川红原，播种当年不能完成生育期；翌年 4 月中旬返青，7 月中旬开花，8 月底种子成熟。生育期 133 天，生长期 157 天。播种后翌年，生殖枝多，种子产量达 1 802kg/hm²。

栽培技术要点

川西北高原 5—6 月中旬播种。种子生产行距 40cm，播种量 15～22.5kg/hm^2；饲草生产行距 30～40cm，条播或撒播，播种量 27～37.5kg/hm^2；播深 1～2cm。分蘖期追施尿素 75kg/hm^2 和复合肥 45kg/hm^2，刈割利用后追施复合肥 75～150kg/hm^2。在高海拔地区一般无病虫为害。牧草利用一般在花期至灌浆期留茬 5～6cm 刈割。收种一般在 80% 种子进入蜡熟期时开始，收种后及时刈割残茬。

适宜推广区域

适宜于青藏高原东部及北方寒冷湿润地区种植，年降水量 600mm 以上为最适区域。

31 '民大1号'老芒麦
Elymus sibiricus L. 'Minda No.1'

编　　号：643
品种类别：育成品种
审定机构：全国草品种审定委员会
选育单位：西南民族大学
　　　　　青海省畜牧兽医科学院
　　　　　青海大学

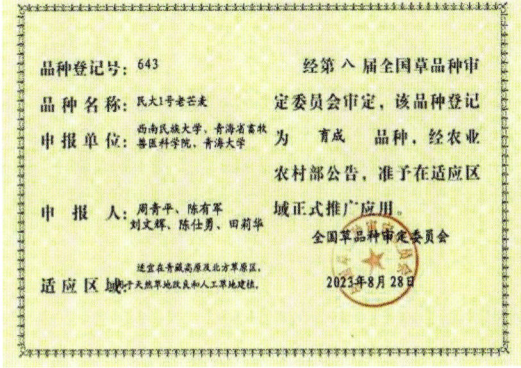

品种特征特性

禾本科多年生草本植物，疏丛型，根系发达，茎秆直立，分蘖能力强，具3～4小节，株高平均125cm。叶量丰富，叶长10～23cm，叶宽5～14mm。穗长均20cm，颖狭长4～5mm。种子千粒重3～4g。一般5月中旬左右播种，翌年4月中旬返青，8月下旬种子成熟，生育期140～150天。

栽培技术要点

4月下旬至5月中旬播种。播种前平整土地，施复合肥150～225kg/hm^{2}或腐熟的牛羊粪15～20t/hm^{2}作底肥。可条播或撒播。条播播种量22.5～30kg/hm^2，撒播播种量30～37.5kg/hm^2；种子生产以条播为宜，播种量15～22.5kg/hm^2，行距40～50cm，播种深度1～2cm，墒情不佳时可选择性地镇压。牧草生产在拔节期追施尿素

或复合肥；种子生产在拔节期追施磷肥或钾肥。盛花期或乳熟期刈割利用，留茬5cm。50%以上种子成熟即进入蜡熟期，可收获种子。可与上繁草和下繁草配置进行生态恢复以及饲草地、放牧地利用。

适宜推广区域

适宜于青藏高原及北方草原区种植。

32 '雅江'老芒麦
Elymus sibiricus L.'Yajiang'

编　　号：国 S-WDV-ES-011-2020
品种类别：野生驯化品种
审定机构：国家林业和草原局草品种审定委员会
选育单位：四川农业大学
　　　　　四川省草原科学研究院
　　　　　西南民族大学

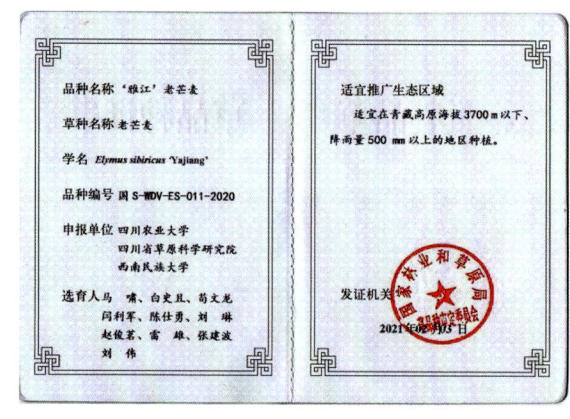

品种特征特性

禾本科多年生草本植物，疏丛型上繁草。根系发达，茎秆中上部直立，株高100～135cm，具3～4节。叶长8～25cm，宽7～15mm。穗状花序疏松下垂，长15～25cm，具32～36穗节，每节一般具2小穗。颖狭长4～6mm。颖果长约14mm，种子千粒重约4g。在川西北5月上中旬播种，当年仅有部分植株抽穗，翌年3月底返青，4月底进入分蘖期，5月下旬拔节，7月初抽穗，7月中旬进入盛花期，8月底种子成熟，生育期150～160天。叶量丰富，干草粗蛋白质含量高（9.3%）。

栽培技术要点

4月中旬至5月中旬播种。整地时施复合肥150～225kg/hm² 或腐熟牛羊粪15～20t/hm² 作底肥。牧草生产条播播种量22.5～30kg/hm²，撒播播种量30～37.5kg/hm²，每年分蘖至拔节期施尿素75～120kg/hm² 和复合肥45～75kg/hm²，抽穗盛花期刈割利用，留茬5cm。种子生产行距40～60cm，播种量15～22.5kg/hm²，以施磷肥、钾肥为主，大部分种子进入蜡熟期即可开始收获种子。

适宜推广区域

适宜于青藏高原东部海拔3 700m以下、年降水量500mm以上的地区种植。

国审草品种（101个）

33 '武陵'假俭草
Eremochloa ophiuroides (Munro) Hack. 'Wuling'

编　　号：国 S-WDV-E0-008-2021
品种类别：野生驯化品种

· 47 ·

审定机构：国家林业和草原局草品种审定
委员会

选育单位：四川省草原科学研究院
四川农业大学
江苏农林职业技术学院
贵州大学

品种特征特性

禾本科多年生草本植物。植株低矮，高 10～20cm，具有贴地生长的匍匐茎，总状花序。尤其喜酸性土壤，耐瘠薄，多生于土壤瘠薄的山脚路边、沙滩等地。耐旱性强，耐寒性较强，耐阴性强，且抗病性、抗虫性强。在成都地区种植，4月初栽植，约3个月后成坪。栽植当年生长较慢，一直处于营养生长阶段，翌年才能正常完成生活史。返青期较早，一般于3月初返青，4月初拔节，6月中下旬进入孕穗初期，8月中旬进入初花期，8月底进入盛花期，9月底进入结实期，12月中下旬进入枯黄期，整个生育期约210天，绿期290～300天。

栽培技术要点

边坡生态修复时，需清除坡面杂草、石块，根据坡度大小和土层厚度采取翻耕（土层较厚、坡度小于25°）、回填客土（土层薄、坡度小于25°）和混凝土方格回填客土（土层薄、坡度大于25°）等措施，结合整地施 50～100g/m² 复合肥作底肥。种茎直播时，将草茎切成含2～3节的茎段，均匀撒播于土表，播种量 150～200g/m²，覆土厚度 1.0～1.5cm，适度镇压。对于混泥土方格回填土的情况，采用分株栽植，行距 20cm 条栽；坡度大于 25° 且未采取工程措施的，可采用穴植，穴距 10cm。建植后及时用雾状喷灌浇水，成活后无需特殊管理。

绿地建植时，使用灭生性除草剂除草，翻耕并平整土地，施 50～100g/m² 复合肥。无性繁殖为主，点栽、条栽或种茎直播。穴距约 10cm，行距约 20cm。栽植后浇透水，或将草茎切成含2～3节的茎段，均匀撒播于土表，播种量 150～200g/m²，覆土厚度 1.0～1.5cm，用滚压器滚压后浇透水。盖度达 70%～80% 时可修剪，留茬 2～3cm，之后遵循"1/3原则"。春季施尿素1次，夏季施尿素2次，每次施肥量 10～15g/m²；秋季施复合肥1次（100～150g/m²）。人工防除杂草。

适宜推广区域

适宜于我国西南地区及长江中下游海拔 1 500m 以下区域种植。

34 '川西'斑茅
Erianthus arundinaceus Retz. 'Chuanxi'

编　　号：国 S-WDV-EA-010-2021
品种类别：野生驯化品种
审定机构：国家林业和草原局草品种
　　　　　审定委员会
选育单位：四川省草原科学研究院
　　　　　贵州省草业研究所

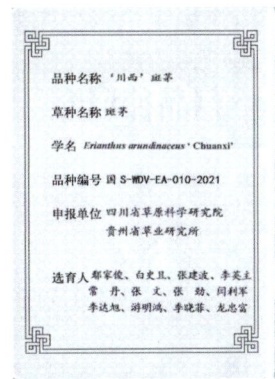

品种特征特性

禾本科多年生草本植物。主根不明显，须根系发达。茎秆直立粗壮，高 4～6m，茎粗 14.8～32.3mm，茎节数 13～21 个，单株分蘖数 180～256 个。叶片线状披针形，长 88～165cm，宽 1.6～4.3cm，中脉粗壮，边缘锯齿状粗糙。圆锥花序大而稠密，长 62～90cm，宽 6.2～9.5cm，每节着生 2～4 枚分枝，分枝 2～3 回分出。颖果长圆形，黑褐色，种子千粒重 0.3g，结实率 30%，种子产量为 43kg/hm^2。纤维素含量33.3%，乙醇转化率170.9g/kg，TS甲烷转化率80.6mL/g，能源转化效率高。

栽培技术要点

种植前翻耕20～30cm，平整地面，使用灭生性除草剂灭除杂草，随整地施入15 000～20 000kg/hm² 有机肥作基肥。育苗移栽时，育苗盘育苗，苗高20cm左右即

可移栽；分株移栽需选择1～2年或以上、生长健壮、分蘖较多的植株作种苗，去除上端嫩叶，每株含1～2个腋芽或节，剪去较多或过长根系；种茎扦插时，选择粗壮、无病、无损伤的成熟茎作种茎，砍成含1～2个节的茎段，保证每节有2～3个芽眼，用清水或2%石灰水浸种1～2h。浸种后用5%多菌灵或甲基硫菌灵可湿性粉剂800倍液浸泡5min。春季3—4月、秋季9—10月种植。开穴种植时，按穴距80～100cm开穴，山坡地按鱼鳞状或等高梯田式开穴，每穴1株；开沟种植时，株行距80～100cm，种植沟宽30cm、深20cm，种茎芽眼朝上斜插或横置沟内，覆土10～15cm，种植后立即浇定根水，1个月内查苗补植。移栽后或冬春季遇旱时及时灌溉。拔节期追施复合肥500～600kg/hm^2，采收后追施尿素150kg/hm^2。苗期及时中耕除草，拔节期后大培土，培土高度20cm。成熟期刈割利用，留茬10～15cm。可直接作为燃料，也可用于生物乙醇或生物甲烷转化，还可用于固土护坡，防止水土流失。

适宜推广区域

适宜于我国西南、华南和华中等热带和亚热带地区种植。

35 '长江1号'苇状羊茅
Festuca arundinacea Schreb. 'Changjiang No.1'

编　　号：260
品种类别：育成品种
审定机构：全国牧草品种审定委员会
选育单位：四川长江草业研究中心
　　　　　四川省草原工作总站
　　　　　四川省阳平种牛场

品种特征特性

禾本科多年生冷季型草本植物，疏丛型。须根入土深而广，且有短根茎。茎秆直立而粗硬，株高为80～130cm，分蘖多，叶片丰富粗厚。适应性强，能在多种气候条件和生态环境中生长，耐热、抗旱、耐瘠薄。在夏季伏旱42℃以上高温和冬季阴冷潮湿的土壤中也能生长良好。一般9—10月播种，翌年4月抽穗开花，6月初种子成熟。春秋两季生长较快，夏季因伏旱生长相对缓慢，最佳生长温度20～30℃，无明显枯黄期。种子产量可达900kg/hm^2，干草产量可达14 981kg/hm^2。

栽培技术要点

播前精细整地，挖好排水沟。9—10月（亦可3—4月）进行种子直播，条播行距35cm，播深0.5～1.0cm，播种量15kg/hm^2。无性繁殖时，开厢挖沟，行距30cm，株距 5cm，栽后浇定苗水。苗期除杂草，苗高 10cm 时施尿素 45kg/hm^2，每次刈割后需松土 1 次，割后第 2～3 天施尿素 60～90kg/hm^2。第 1 次刈割高度 30cm，之后每次刈割高度 35～45cm，留茬高度 5cm。种子生产时，行距 45～50cm，播种量 11.2kg/hm^2，中耕除草，入冬早春时施复合肥和氮肥，辅助人工授粉，及时收种及刈割残茬。

适宜推广区域
适宜于长江中下游中低山、丘陵、平原地区种植。

36 '都脉'苇状羊茅
Festuca arundinacea Schreb.'Duramax'

编　　号：576
品种类别：引进品种
审定机构：全国草品种审定委员会
选育单位：四川农业大学

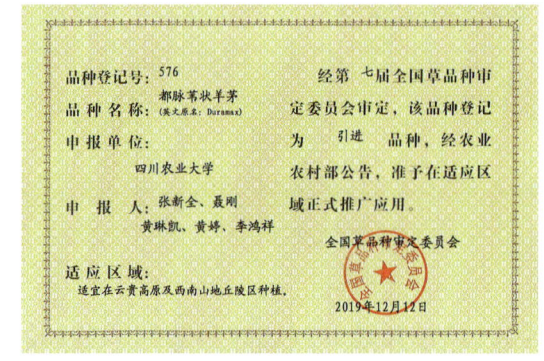

品种特征特性
禾本科多年生草本植物，中晚熟型。

平均分蘖约60个，根系深且发达，秆直立，高100～120cm。叶鞘通常平滑无毛。叶量丰富，叶片长20～40cm。圆锥花序疏松开展，长20～30cm。种子千粒重约3g。秋冬生长迅速，春季恢复生长能力强，对锈病、叶斑病、枯萎病和粉霉病有较高的抗性。产草量高，草质柔软，叶量丰富，生育期305～312天。主要用于放牧草地和刈割草地，混播于草地中可有效延长草地每年的可利用时间。在适宜区域，干草产量可达8 000～13 500kg/hm²。

栽培技术要点

播前需精细整地除草，贫瘠土壤施用底肥可显著增产。可春播或秋播，长江流域及以南地区秋播以9—11月为宜，条播行距15～30cm，播种深度1～2cm，播种量为15～30kg/hm²，与三叶草等豆科牧草混播时，可撒播，播种量酌减约30%。每2～3次刈割或放牧后可施尿素50～100kg/hm²。适宜刈割青饲或晒制干草，抽穗期适时刈割可有效提高后茬产量和品质，留茬高度约5cm，放牧时需适当控制强度，以维持草地持久性。

适宜推广区域

适宜于云贵高原及西南山地丘陵区推广种植。

37 '黔草1号'高羊茅
Festuca arundinacea Schreb.'Qiancao No.1'

编　　号：299
品种类别：育成品种
审定机构：全国牧草品种审定委员会
选育单位：贵州省草业研究所
　　　　　贵州阳光草业科技有限责任公司
　　　　　四川农业大学

品种特征特性

禾本科多年生草本植物，疏丛型。须根系，根系发达，固土能力强。分蘖能力强，单株分蘖可达287个，一般单株分蘖约250个。种子千粒重约2g，发芽率85%～98%。早秋播种，水肥条件有保证时，一般1周左右出苗，翌年6月上旬种子成熟，全生育天数约280天。春季3月下旬播种，4月上旬出苗，9月中旬种子成熟，全生育天数约180天。在海拔1 400m的生态条件下秋播种植，种子成熟期一般在7月中下旬，全生育天数约320天。广泛用于运动场、公路、机场护坡及社区草坪和人工草地的建植。

适宜推广区域

适宜于我国长江中上游中低山、丘陵、平原及其他类似地区种植。

38 '水城'高羊茅
Festuca arundinacea Schreb 'Shuicheng'

编　　号：405
品种类别：野生栽培品种
审定机构：全国草品种审定委员会
选育单位：贵州省草业研究所
　　　　　贵州阳光草业科技有限责任公司
　　　　　四川农业大学

品种特征特性

禾本科多年生草本植物。根系发达，分蘖能力强。茎圆形、直立、粗壮、簇生，株高89cm，有3～4个节。叶片扁平坚硬，叶长11cm，叶宽6mm。圆锥花序，穗长25cm，种子千粒重约2g。种密度高、均匀性好、抗逆性强、耐粗放管理、建植成本低。可单播或混播，一般草坪播种量30g/m^2，生态护坡播种量40g/m^2，草地建植播种量2kg/亩。草坪（地）建植利用时间较长，可利用5～7年，种子亩产55kg。在贵州海拔1 000m 的地区种植，全年绿期320～365天，可广泛用于混播人工草地建植、护坡生态治理及矿区植被恢复等方面。

适宜推广区域

适宜于我国云贵高原、长江中上游及类似生态区种植。

39 '维加斯'高羊茅
Festuca arundinacea Schreb. 'Vegas'

编　　号：355
品种类别：引进品种
审定机构：全国草品种审定委员会
选育单位：四川省草原科学研究院
　　　　　百绿国际草业（北京）有限公司

品种特征特性

禾本科多年生草本植物。色泽深绿，株高60～70cm，叶宽4～8mm，质地良好，极耐践踏。在中等管理水平下，形成的草层高度为3～5cm。种植密度和叶片质地良好，抗旱能力强。抗病性良好，尤其对腐霉枯萎病和褐斑病抗性较强。可耐2.5～3cm高度的低修剪，草坪弹性好，在成都可全年作为运动场草坪使用。

栽培技术要点

清除杂草、杂物，施底肥，进行土壤改良和整地造型。草坪播种量30～45g/m²，补播草坪20～25g/m²，高草区35～45g/m²，草皮卷生产22～44kg/亩。成都及南方地区播深0.3～0.8cm，西北和北方干燥地区1～1.5cm。修剪高度3.5～6.5cm，足球运动场草坪2.5～3.5cm。生长季每次施氮2.5～3.5g/m²，年总施氮量5～25g/m²。生长季注意杂草防除及病虫害防治。草坪建植好后，适时浇水，以喷灌为宜。

适宜推广区域

适宜于我国西南、西北、华北、东北、华东等地区种植，可用于绿地草坪、运动场草坪、裸露边坡植被恢复和水土保持草坪的应用。

40 '藏北'中华羊茅
Festuca sinensis Keng ex E. B. Alexeev 'Zangbei'

编　　号：682
品种类别：野生栽培品种
审定机构：全国草品种审定委员会
选育单位：西南民族大学
　　　　　青海省畜牧兽医科学院
　　　　　青海省三江集团有限责任公司

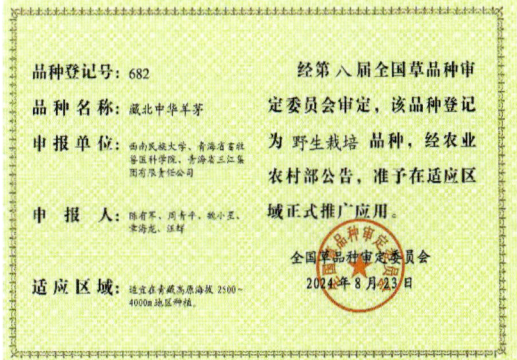

品种特征特性

禾本科多年生草本植物。疏丛型，基生叶发达，有一定的抗倒伏能力，平均株高 55～80cm。圆锥花序，花序长 13～22cm，小穗长 10～15mm。外稃长圆状披针形，具 5 脉，通常顶生长 0.8～2mm 短芒，内稃狭长圆形。种子千粒重 0.6～1.1g。一般 5 月中旬播种，翌年 4 月中旬返青，8 月中旬种子成熟，生育天数 102～112 天。适用于生态恢复以及饲草地、放牧地利用。

栽培技术要点

高寒牧区播种期一般为 4 月下旬至 5 月中旬，可条播或撒播。条播播种量 22.5～30kg/hm^2，撒播播种量 30～37.5kg/hm^2。种子生产以条播为宜，播种量 15～22.5kg/hm^2，行距 40～50cm，播种深度 1～2cm。墒情不佳时可以选择性地镇压。牧草生产在拔节期追施尿素或复合肥；种子生产在拔节期追施磷肥或钾肥。盛花期或乳熟期晴天刈割利用，及时收获避免倒伏造成产量下降，留茬高度 3～5cm。50% 以上种子成熟即进入蜡熟期，可收获种子。

适宜推广区域

适宜于青藏高原海拔 2 500～4 000m 地区种植。

41 '康巴'变绿异燕麦
Helictotrichon virescens（Nees ex Steud.）Henr. 'Kangba'

编　　号：493
品种类别：野生栽培品种
审定机构：全国草品种审定委员会
选育单位：四川省草原工作总站
　　　　　　甘孜藏族自治州草原工作站
　　　　　　四川省金种燎原种业科技有限
　　　　　　责任公司

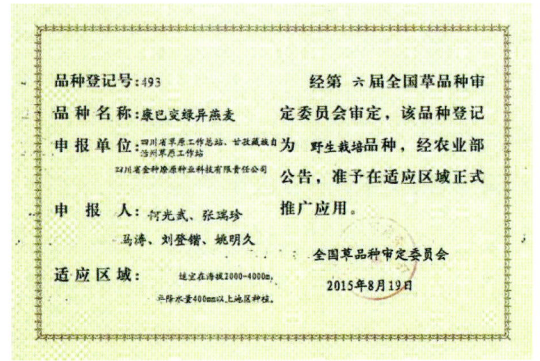

品种特征特性

禾本科多年生草本植物。根为由不定根组成发达的须根系。茎直立，光滑无毛，具 5～7 节，茎节稍膨大，为淡棕色至绿色，一般株高为 100～180cm；开花前，茎节具许多白色茸毛，开花后白色茸毛逐渐消失。叶片披针形，扁平，叶面光滑，叶缘光滑。叶鞘无毛，基部有微毛。圆锥花序，疏展，花序节互生；小穗淡绿色或稍带紫色。颖披针形，稍粗糙，外稃长 8～11mm，顶端浅裂，具 2 尖齿，基盘具柔毛。内稃膜质。种子有长芒，棕色，长 15～25mm，稍开展或稍反曲；颖果，浅褐色，锥状长椭圆形，基部簇生有长柔毛。种子千粒重 3g 左右。喜温暖湿润，适宜在 pH 值 6.5～7.5，腐殖质含量较高的土壤上生长。耐寒能力较强，能在 -25℃ 及以上的环境中顺利越冬。较耐瘠薄，抗病虫能力较强，抗倒伏能力中等。在海拔约 3 500m 的川西北高寒牧区栽培时，播种当年不能完成生育周期。翌年 3 月中旬返青，比当地其他天然草地禾本科牧草提前 1 个月返青，生育天数 140～170 天，生长天数 200～220 天。抽穗期粗蛋白含量 8.8%。年均鲜草产量 22 500～30 000kg/hm^2，干草产量 5 000～6 500kg/hm^2，种子产量 675～750kg/hm^2。种子收获后，及时刈割残茬。

栽培技术要点

播种前清除杂草、杂物，多次耕耙平整。刈割草地应施用有机肥或厩肥 15 000～30 000kg/hm^2、过磷酸钙 600～750kg/hm^2。播种（尤其是机械条播）前应对种子进行断芒处理。春播或秋播，撒播、条播或机播均可，但以条播为宜。割草地建植行距 30～45cm，播种量 22.5kg/hm^2。为了提高播种当年的草产量，可以与一年生燕麦混播，混播比例定为 1:1，异燕麦播种量为其单播时的 60%～70%。种子生产行距 50～60cm，播种量 15kg/hm^2。播种后覆土 1～2cm。苗期结合降水追施适量氮肥，拔节至孕穗期追施适量磷钾肥。种子进入完熟期后应及时收获。苗期生长缓慢，需及时清除杂草，单播草地可通过人工或使用化学除草剂除草。有时会发生锈病，可用波尔多液、石硫合剂喷洒防治；黑斑病可通过及时而频繁的刈割来避免。虫害主要有蚜虫、蝗虫等，可用低毒、低残留药剂进行喷洒。

适宜推广区域

适宜于海拔 2 000～4 000m、年降水量 500～1 000mm 的范围内种植，人工栽培能获得较高的种子和牧草产量。

42 '川中'牛鞭草
Hemarthria altissima (Poir.) Stapf et C. E. Hubb. 'Chuanzhong'

编　　号：633
品种类别：野生栽培品种

审定机构：全国草品种审定委员会
选育单位：四川农业大学

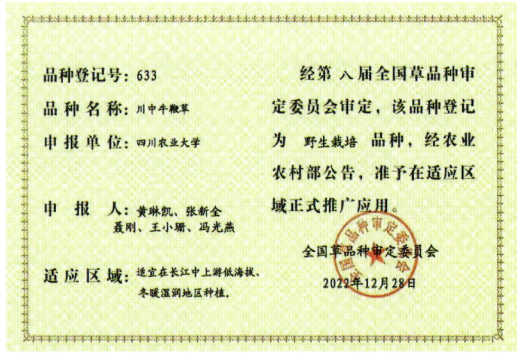

品种特征特性

禾本科多年生草本植物。长根状茎，在0～10cm土层中呈水平状延伸，密集、粗壮，不定根较少，深可达25cm。秆高130～140cm，直立或仰卧。叶鞘无毛，叶片光滑。总状花序生于顶端和叶腋，长达10cm；小穗成对生于各节，有柄的不孕，无柄的结实。喜温热湿润气候，对持续高温具有很强的适应性。3月返青，6月抽穗，7月开花，7月下旬至8月上旬结实，生育期约214天。

栽培技术要点

在地温达10℃、气温达15℃时可进行建植，5—9月为佳。采用茎节扦插繁殖，取开花期生长健壮的地上茎，切段，每段含2～3节。以株行距10cm×30cm、深10cm放种茎，压紧，外露1节即可，每亩用量200～250kg。栽后15天追施尿素10kg/亩，旱季需及时浇水，保持土壤湿润。病虫害较少，主要为蝗虫、黏虫类，一般采用"万灵"进行喷洒。合理施肥、灌水等也可防止病虫蔓延。草层高度达60～80cm时，留茬5cm刈割利用，年刈割4～6次。可青饲，亦可制作干草、青贮。刈割后，每亩追施5～10kg尿素；春季返青时应禁牧，秋季刈割后的再生草可轻度放牧。也可用作护堤、护坡、护岸的保土植物。

适宜推广区域

适宜于长江中上游低海拔、冬暖且湿润地区种植。

43 '重高'扁穗牛鞭草
Hemarthria compressa(L. f.)R. Br. 'Chonggao'

编　　号：010
品种类别：野生栽培品种
审定机构：全国牧草品种审定委员会
选育单位：四川农业大学

品种特征特性

禾本科多年生草本植物。植株绿色，不被白粉。基部茎横卧地表，每节均可产生不定根和分蘖。上部茎倾斜向上，呈疏丛状，直立茎长约200cm。7月下旬开始抽穗，8月上中旬为抽穗盛花期。抽穗期茎梢4~8节，每个花枝抽出穗状总状花序。无柄小穗能孕，长5~5.7cm。结实成熟期在9—10月，种子小，不易收获。全年生长，暖热期日生长量达2.1~3cm，冷季0.3~1cm。在3—9月营养体繁殖的成活率在90%以上。稍耐酸碱，在pH值7中生长最快，在pH值5~8中能正常生长；耐湿耐淹，在湿润环境中生长良好，产量高；耐低温抗霜冻，在-4~-3℃时仍能青绿越冬。耐多次刈割，每年可刈割4~6次，刈割后再生能力强。

栽培技术要点

种茎栽培，取拔节或孕穗期的地上茎，切成25~30cm段，每段具2~3节，顺放。以行距30cm开沟，深10cm，以8～10cm株距放种茎，使种茎与地面成45°角，连续开沟，以沟泥压紧种茎1～2节，外露1～2节。每亩用鲜种茎300～400kg，均匀撒施复合肥30～40kg，并根据土壤肥力，适量追加农家肥、厩肥等。拔节期追施尿素5kg/亩，待长到60～70cm高时，齐地刈割或放牧以促进分蘖。

适宜推广区域

适宜于南方各省区的低湿地区种植。

44 '广益'扁穗牛鞭草
Hemarthria compressa (L. f.) R. Br. 'Guangyi'

编　　号：011
品种类别：野生栽培品种
审定机构：全国牧草品种审定委员会
选育单位：四川农业大学

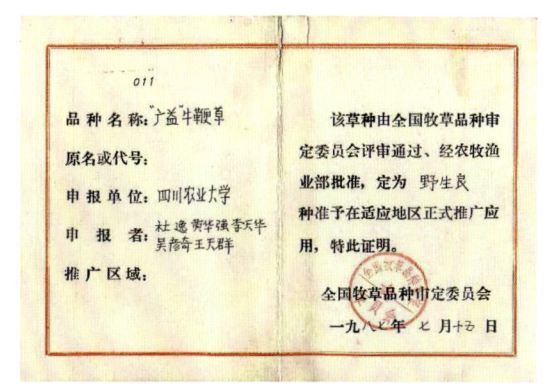

品种特征特性

禾本科多年生草本植物。具横走的根茎和匍匐茎。根茎或匍匐茎具分枝，节上生不定根及鳞片。茎秆直立，株高 100～140cm，植株全体被白粉而呈灰绿色。茎各节长出分枝 4～12 枝，顶端抽出穗状总状花序，无柄小穗能孕，长 5～6mm，9—10月种子成熟，种子很小，不易收获。抗寒性强，在南京（绝对低温 -9～-8℃）能顺利越冬；耐酸碱，pH 值 5～7 时生长良好，以 pH 值 6 时生长最快；耐水淹，适合在湿润环境中生长。耐多次刈割，年刈割 4～6 次，长势不衰。

栽培技术要点

采用茎段扦插进行扩繁，春、夏、秋 3 季均可。在冬春干旱地区，宜在夏季扦插。扦插时取拔节或孕穗期的地上茎，切成 25～30cm 段，顺放，行距 30cm 开沟，深

10cm，以 8～10cm 株距放种茎，使种茎与地面成 45°角，以沟泥压紧种茎 1～2 节，外露 1～2 节。栽培密度约为 30 株 /m^2，每亩需新鲜种茎 300～400kg。每亩施复合肥 30～40kg，栽种后 2 周左右，可再追加 1 次尿素 150kg/hm^2，此后每刈割 1 次，再追施同等量的尿素以促进再生。一般栽植后在株高 60～70cm 时，即可进行刈割，留茬 2～3cm，每年可刈割 4～6 次。

适宜推广区域

适宜于南方各省区海拔 1 500m 以下地区种植。

45 '雅安'扁穗牛鞭草
Hemarthria compressa (L. f.) R. Br. 'Yaan'

编　　号：364
品种类别：野生栽培品种
审定机构：全国草品种审定委员会
选育单位：四川农业大学
　　　　　重庆市畜牧科学院

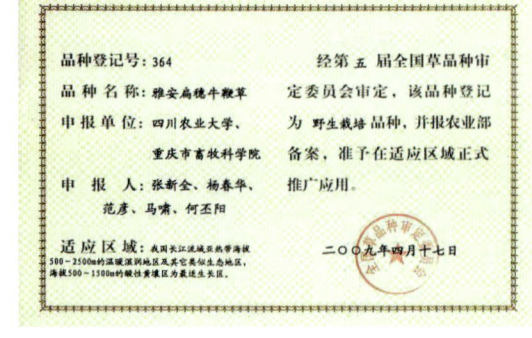

品种特征特性

禾本科多年生草本植物。根系发达，基部茎常横卧地表，节上生不定根及分蘖，中上部茎直立或斜生，呈疏丛状。分蘖能力强，适于营养体无性繁殖。穗状总状花序呈扁平状，直立，深绿色，节间近等长于无柄小穗。无柄小穗陷入总状花序轴凹穴中，长卵形；有柄小穗披针形。颖果蜡黄色，长卵形，种子千粒重约 0.2g。抗寒性较强，能忍受 -4℃的低温，再生能力强。耐瘠薄、耐酸性土壤，抗病虫性强。每年可刈割 3～4次，鲜草产量高达 190t/hm^2，干草产量达 50t/hm^2。

栽培技术要点

采用茎段扦插无性繁殖方法进行扩繁。用种茎栽培，取拔节或孕穗期的地上茎，用利刀切成 25～30cm 的段，每段具 2～3 节，顺放。以行距 30cm 开沟，深 10cm，按 8～10cm 的株距放置种茎，使种茎与地面呈 45°角倾斜。连续开沟，用沟泥压紧种茎 1～2 节，外露 1～2 节即可。每亩用鲜种茎 300～400kg，均匀撒施复合肥 30～40kg，并根据土壤肥力，适量追加农家肥、厩肥等。种茎出苗进入拔节期，每亩用尿素 5kg 追肥，待长到 60～70cm 高时，齐地刈割或放牧以促进分蘖。

适宜推广区域

适宜于我国长江流域亚热带海拔 500～2 500m 的温暖湿润地区及其他类似生态地区栽培，海拔 500～1 500m 的酸性黄壤分布区为其最适生长区。

46 '斯特泼' 大麦
Hordeum vulgare L. 'Stepoe'

编　　号：105
品种类别：引进品种

审定机构：全国牧草品种审定委员会
选育单位：四川省古蔺县畜牧局

品种特征特性

禾本科一年生草本植物。株高115cm，秆粗4mm，顶端与穗基部呈"L"形膝曲。秆基部、节、叶鞘、叶耳均为紫色。叶片浅绿色，长27cm，宽17mm。穗直立，扇形，六棱，穗长8cm，每穗平均有25个小穗。外稃延伸为芒，芒长6cm。分蘖能力强，生长快。抗倒伏，抗锈病能力强，对土壤要求不严。较耐旱，适应性广，在贵州、四川盆地周边山区种植均表现出明显增产，穗多、粒多，种子产量高，可达7 680kg/hm^2。种子饲喂各种畜禽适口性好。

适宜推广区域

适宜于四川、贵州省海拔300～1 350m的盆地周边山区种植，在盆地内部也能生长。

47 '阿坝'硬秆仲彬草
Kengyilia rigidula (Keng) J. L. Yang, C. Yen & B. R. Baum 'Aba'

编　　号：365
品种类别：野生栽培品种
审定机构：全国草品种审定委员会
选育单位：四川省草原科学研究院
　　　　　川草生态草业科技开发有限责任公司

品种特征特性

禾本科多年生草本植物，具根茎或根头，须根有时被沙套。分蘖较强，具3～4个茎节。秆丛生，直立或基部稍膝曲，高可达50cm以上。穗状花序粗阔，宽度超过1cm，绿色或带紫色。小穗单生于穗轴各节，至少在穗轴下部排列疏松，每穗小穗数16～22个，小穗通常有小花5～8朵，花药多为浅绿色，少数为淡黄色。外稃无芒或具长2～7mm的短芒。颖果长圆形，表面覆有白色茸毛。4月返青，7月中旬进入开花期，8月中旬进入成熟期，从返青到种子成熟需135～142天。抗寒、抗旱、耐瘠薄。鲜草产量13 500～15 600kg/hm^2，种子产量650～900kg/hm^2。

栽培技术要点

使用灭生型除草剂农达灭除田间杂草，在春秋季进行翻耕处理，耕深15～25cm，同时施入有机肥15 000kg/hm² 或复合肥（N：P：K= 15：15：15）300kg/hm² 作基肥。适宜播期为4月下旬至5月中旬，条播播种量27～30kg/hm²，行距30～40cm，播深2～3cm。苗期生长较慢，应加强中耕除草，可用2,4-D-丁酯等化学除草剂对阔叶类杂草进行防除。分蘖至拔节期酌情追施速效氮肥，同时配合追施磷钾肥。播种后翌年即可采种，当70%～80%的种子成熟时即可收获，通常可连续收种4～5年。具有抗风蚀、耐沙埋、抗寒抗旱能力强、种子产量高等特点，主要用于川西北高寒牧区退化、沙化草地治理，为生态型专用牧草品种。

适宜推广区域

适宜于海拔2 800～4 100m的川西北高寒牧区及类似区域种植。

48 '安第斯'多花黑麦草
Lolium multiflorum Lamk. 'Andes'

编　　号：595
品种类别：引进品种
审定机构：全国草品种审定委员会
选育单位：四川农业大学

品种特征特性

禾本科一年生草本植物。须根发达，茎秆直立、粗壮，直径4.6～5.3mm，植株高大，叶量丰富，叶片长25～40cm，宽10～17mm。花序长35～50cm，小穗有小花25～33朵，芒长5.5～10mm，颖果长圆形，种子千粒重4～7g。染色体数$2n=4x=28$。分蘖较多，冬春生长速度快，营养价值高，再生性强。生育期235～245天。耐贫瘠、耐酸性土壤、耐热、抗寒，抗病性强，适应性广，各类土壤均可种植。

高产优质，鲜草产量达 100 000～130 000kg/hm²，干草产量 12 000～16 000kg/hm²，种子产量 1 200～1 500kg/hm²。

栽培技术要点

长江流域及以南区域宜秋播，9月中旬至10月下旬为宜。条播每公顷播种量为 22.5～30kg，行距 25～30cm；撒播每公顷播种量为 35～40kg，播后覆土 2cm。收种田播种量应适当减少，一般每公顷播种量 15～22.5kg。苗期注意除草；及时排水灌水，防止干旱或水浸；每次割草后 2～3 天，每公顷施 75～95kg 尿素以有效促进再生；每次追肥后需灌溉，以利于养分的吸收，避免肥害。多花黑麦草刈割高度 40～50cm，留茬高度 5～6cm。既可青饲，也可晒制干草或青贮。

适宜推广区域

适宜于长江流域及以南区域，特别适宜于西南、华中和华东地区种植。

49 '安格斯特' 多花黑麦草
Lolium multiflorum Lamk. 'Angusta'

编　　号：672
品种类别：引进品种
审定机构：全国草品种审定委员会
选育单位：四川农业大学

品种特征特性

禾本科一年生草本植物。须根发达，茎秆直立，粗壮，直径4.6～5.3mm。植株高大，叶片扁平深绿，叶片较宽，叶量丰富，叶长25～40cm，叶宽1.0～1.7cm。花序长35～50cm，小穗含小花25～33朵，芒长5.5～10mm，颖果长圆形，种子千粒重4～7g。生育期235～245天。具有适应性强、分蘖多、叶量丰富、冬春生长速度快等特点。干草产量可达12～18t/hm^2。

栽培技术要点

在亚热带地区，一般适宜于秋播，9月中旬至10月中旬为最佳播种期。窄行条播为宜，行距25～30cm，播幅5～10cm，播种深度1～2cm；条播播种量18.5～22.5kg/hm²，撒播播种量30～37kg/hm²。播种后盖土1.5～2.0cm。及时排水灌水，防止干旱或水浸。每次割草后2～3天，每公顷施70～100kg尿素以促进再生。越冬前15天停止刈割，以利越冬。当株高40～60cm时，进行第1次刈割，以后每隔25天左右刈割1次，留茬高度应保持在3～5cm，以利再生。

适宜推广区域

适宜于长江流域及以南的温暖湿润地区种植。

50 '阿伯德'多花黑麦草
Lolium multiflorum Lamk. 'Aubade'

编　　号：023
品种类别：引进品种
审定机构：全国牧草品种审定委员会
选育单位：四川省草原研究所
　　　　　（现四川省草原科学研究院）

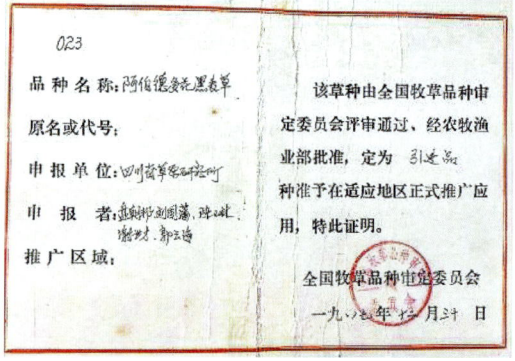

品种特征特性

禾本科一年生草本植物。须根密集，主要分布于15cm以上的土层中。秆呈疏丛，直立，高80～120cm。叶鞘较疏松，叶舌较小或不明显。叶片长10～30cm，宽3～5mm。穗状花序长15～25cm，宽5～8mm；小穗以背面对向穗轴，长10～18mm，有小花10～15（20）朵。颖质较硬，具5～7脉，长5～8mm。外稃质较薄，具5脉，第一外稃长6mm，芒细弱，长约5mm；内稃与外稃等长。

栽培技术要点

播前耕翻整地，施足底肥，每亩施过磷酸钙10～15kg。条播或撒播，条播行距15～30cm，播种量1kg/亩，播深1.5～2cm，在雨水充足的地区也可撒播，播种量1.5kg/亩。增施氮肥不仅能提高产量，亦可提高其粗蛋白质含量，故生长期间应追施速效氮肥。种子易脱落，当大部分种子成熟后应及时收获。

适宜推广区域

适宜于四川西北高原寒温气候地区或内地冬闲田种植。

51 '长江 2 号' 多花黑麦草
Lolium multiflorum Lamk. 'Changjiang No.2'

编　　号：287
品种类别：育成品种
审定机构：全国牧草品种审定委员会
选育单位：四川农业大学
　　　　　四川长江草业研究中心

品种特征特性

禾本科一年生草本植物。根系发达致密，分蘖多，茎秆粗壮，直径 4～6mm，圆形，高可达 165～180cm。叶片长 35～45cm，宽 1.5～2.0cm，叶色较深，叶量大。花序长 35～50cm，每穗小穗数可多达 42 个，每小穗有小花 16～21 朵，芒长 5～10mm。种子千粒重 2.5～3.5g。耐瘠薄、耐酸、耐盐碱、抗病性强、耐沼液灌溉，各种土壤均可种植，在肥沃、湿润且土层深厚的地方生长极为茂盛，鲜草产量高。生育期 229～236 天。

栽培技术要点

长江中上游亚热带气候地区一般适宜于秋播，在寒温地区宜春播，温凉地区既可春播也可秋播。播种前先精细整地，施足有机肥。每亩播种量为 1.5～2kg，收种田应稀播，播种量 1～1.5kg。9 月中旬至 10 月中旬播种最佳，过早播种虫害严重，苗期生长将受到影响。分蘖至拔节期酌情施速效氮肥。每次刈割后要追施尿素 75～85kg/hm²。收种田注意施磷钾肥，速效氮肥不宜过多。蜡熟期将穗子夹在指间，多数穗尖有 1～2 粒种子脱落时即可收获。收种田最好不要同时用作割草。

适宜推广区域

适宜于长江中上游亚热带气候地区种植。

国审草品种（101个）

52 '川农1号' 多花黑麦草
Lolium multiflorum Lamk. 'Chuannong No.1'

编　　号：508
品种类别：育成品种
审定机构：全国草品种审定委员会
选育单位：四川农业大学
　　　　　四川金种燎原种业科技有限公司
　　　　　贵州省草业研究所

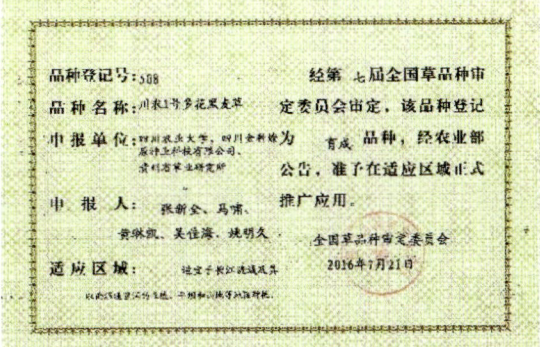

品种特征特性

禾本科一年生草本植物。根系发达致密，主要分布在15cm以上的土层。分蘖较多，直立，茎秆粗壮，圆形，高可达160～180cm。叶片长34～50cm，宽13～22mm，深绿色。花序长37～53cm，具有小穗数22～46个，每小穗有小花14～23朵；种子千粒重3～4g。适宜生长在温和湿润地区，亦能在亚热带地区生长。耐低温，不耐热。喜壤土或沙壤土，亦适于黏壤土，在肥沃、湿润且土层深厚的地方生长极为茂盛。耐湿和耐盐碱能力较强，耐沼液灌溉。

栽培技术要点

长江中上游亚热带气候地区一般适宜于秋播，寒温地区宜春播，温凉地区既可春

播也可秋播。播种前精细整地，施足有机肥。每亩播种量 1.5～2kg，收种田应稀播，播种量 1～1.5kg。9 月中旬至 10 月中旬播种最佳。分蘖至拔节期酌情施速效氮肥。每次刈割后追施尿素 70～90kg/hm^2。收种田施磷钾肥，速效氮肥不宜过多。蜡熟期将穗子夹在手指间轻轻拉动，多数穗尖有 1～2 粒种子脱落时可收获。

适宜推广区域

适宜于长江流域及其以南温暖湿润的丘陵、平坝和山地等地区种植。

53 '川农 4 号' 多花黑麦草
Lolium multiflorum Lamk. 'Chuannong No.4'

编　　号：673
品种类别：育成品种
审定机构：全国草品种审定委员会
选育单位：四川农业大学

品种特征特性

禾本科一年生草本植物。根系发达，须根密集，分蘖多。茎秆粗壮，直径 4.4～5.4mm，株高达 163～172cm。叶长 26～42cm，叶宽 12～18mm，叶色深绿，叶量丰富。花序长 38～54cm，小穗有小花 20～42 朵，种子千粒重 3～4g。冬季生长速度快，可达 7～11mm/天。再生能力强，抽穗成熟整齐度一致。耐贫瘠、耐酸、耐旱、耐盐碱、耐沼液灌溉，适应性广，各类土壤均可种植。产量高、品质好，鲜草产量达 86 500～124 800kg/hm²、干草 13 000～17 000kg/hm²，种子产量达 1 220～1 510kg/hm²。

栽培技术要点

亚热带地区一般为秋播，9月中旬至10月中旬为宜。犁田深耕碎土，施足基肥。窄行条播为宜，行距 25～30cm，播幅 5～10cm，播种深度 1～2cm；条播播种量

18.5～22.5kg/hm²，撒播播种量30～37kg/hm²。播种后盖土1.5～2.0cm，并及时排水灌水，防干旱或水浸。每次割草2～3天后，每公顷施70～100kg尿素以促进再生。在越冬前15天停止刈割，以利越冬。当株高40～60cm时，刈割第1次青草，以后每隔约25天刈割1次，每次留茬高度应在3～5cm。

适宜推广区域

适宜于长江流域及以南的丘陵、平坝和山地温暖湿润区域，特别适宜于西南地区种植。

54 '川饲1号'多花黑麦草
Lolium multiflorum Lamk. 'Chuansi No. 1'

编　　号：674
品种类别：育成品种
审定机构：全国草品种审定委员会
选育单位：四川农业大学

品种特征特性

禾本科一年生草本植物。根系发达，分蘖适中。茎秆粗壮，直径4～5mm，株高1.6～1.9m。叶长34～40cm，叶宽16～19mm，深绿色。花序长42～50cm，每穗小穗数38～48个，每小穗小花数9～14朵，芒长8～11mm。种子千粒重3～4g。适口性好，营养价值高，再生能力强，一年刈割3～5次。适应性广，各类土壤均可种植。产量高、品质好，鲜草产量85 000～130 000kg/hm²、干草产量13 000～15 400kg/hm²。

栽培技术要点

一般为秋播，9月下旬至10月上旬播种为好。条播，行距30cm，播幅5～10cm，播深2cm。条播播种量19～22kg/hm²，撒播播种量30～37kg/hm²（种子用价95%）。施复合肥375～450kg/hm²或有机肥1 000～1 500kg/hm²作底肥，刈割后施尿素70～100kg/hm²。适时灌溉，及时除杂草。注意防治锈病、黏虫、蝗虫等虫害。草层高40～60cm时刈割收获青草，叶多茎少，质地柔嫩，各种牲畜的适口性均好，采食率高。调制干草，可以在开花期刈割，留茬高度5cm。

适宜推广区域

适宜于长江中上游丘陵、平坝和山地温暖湿润地区种植。

55 '剑宝'多花黑麦草
Lolium multiflorum Lamk. 'Jumbo'

编　　号：487
品种类别：引进品种
审定机构：全国草品种审定委员会
选育单位：四川省畜牧科学研究院
　　　　　百绿（天津）国际草业有限公司

品种特征特性

禾本科一年生草本植物。根系发达致密,分蘖多,茎秆粗壮,平均直径 4.3mm,圆形,株高 112cm。叶片长 40cm,宽 13mm,叶色较深,叶量大。花序长 40cm,每穗小穗数可多达 40 个,每小穗有小花 16～21 朵,芒长 5～10mm。种子千粒重约 3g。高抗冠锈病、耐贫瘠、耐酸、耐寒、耐热,适应性广,各种土壤均可种植。晚熟,生育期 253 天,再生能力强,抽穗成熟整齐一致。产量高、品质好,鲜草产量约 10 000kg/hm^2,干物质含量达到 12.4%,粗蛋白质占干物质含量约 15.7%。

栽培技术要点

9—11 月进行秋播或 2 月初进行春播。播前施有机肥 15 000～30 000kg/hm^2 或复合肥 150～300kg/hm^2。撒播或条播,条播行距 20～30cm,播深 1～2cm,播种量分别为 18～27kg/hm^2、27～30kg/hm^2,播后需镇压。在南方农区,可以与箭筈豌豆、光叶紫花苕等豆科牧草混播,或与苦荬菜、芜菁等间作,禾豆比一般为 2∶1。在苗期、分蘖期及每次刈割后,根据土壤肥力及长势施尿素 75～150kg/hm^2。株高 40cm 以上时可刈割青饲,青贮宜在抽穗开花期刈割。

适宜推广区域

适宜于西南、华中、华东温暖湿润地区广泛种植。

国审草品种（101 个）

56 '勒普'多花黑麦草
Lolium multiflorum Lamk. 'Lipo'

- 编　　号：104
- 品种类别：引进品种
- 审定机构：全国牧草品种审定委员会
- 选育单位：四川省畜牧兽医研究所

品种特征特性

禾本科一年生草本植物。植株高约110cm。茎秆粗壮，叶片长，深绿色，柔软下垂。花序长达30～40cm，小穗30～40个，每小穗有小花16～20朵，芒长5～10mm。种子千粒重2.5～3g。耐热性较强，在四川盆地种植时，越夏率可达65%～85%。耐寒、耐湿，晚熟，生育期比一般多花黑麦草长。苗期生长快，分蘖早且多，叶量大，再生性强，耐割和放牧。抗锈病能力强，产草量高且品质好。青草产量 90 000～105 000kg/hm，籽实产量 520～600kg/hm^2。

适宜推广范围

适宜于四川盆地、长江流域和黄河流域各省种植。

57 '迈克斯'多花黑麦草
Lolium multiforum Lamk. 'Maximus'

- 编　　号：国 S-IV-LM-007-2023
- 品种类别：引进品种
- 审定机构：国家林业和草原局草品种审定委员会
- 选育单位：四川农业大学
  四川省草原科学研究院
  四川省草业技术研究和推广中心
  百绿（天津）国际草业有限公司

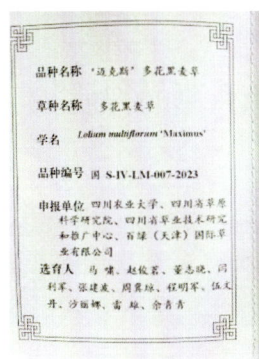

品种特征特性

禾本科一年生草本植物。须根发达，茎秆呈疏状，直立粗壮，直径4.6～5.3cm。

叶量丰富，叶长 25～40cm，叶宽 1.0～1.7cm。穗状花序长 33～45cm，每小穗有小花 25～33 朵，外稃芒长 5～10mm，异花授粉，种子千粒重 4～6g。喜温暖湿润气候，适宜壤土和黏壤土，耐贫瘠、耐潮湿，不耐严寒。分蘖多，冬春生长速度快，再生性强。生育期 237～247 天，高抗锈病，抗倒伏能力强，适应性广。高产优质，干草产量可达 8.5t～14t/hm^2。

栽培技术要点

适宜在 9 月中下旬至 10 月中旬进行秋播，也可在 3 月底前进行春播。播种量 2～2.5kg/亩，条播行距 20～30cm，播种后覆土 2～3cm。基肥以有机肥为主，可适量添加化肥。在缺磷土壤上，施用过磷酸钙 15～25kg/亩。追肥在冬季和早春施用，每次施尿素 7.5～10kg/亩，每次刈割后追施尿素 6～8kg/亩。饲喂牛羊时，一般在孕穗期刈割；饲喂兔、鹅、鱼、猪时，通常在拔节至孕穗期、株高 30～60cm 时刈割，留茬高度 5～7cm。

适宜推广区域

适宜于我国亚热带和南暖温带地区种植。

58 '杰威'多花黑麦草
Lolium multiflorum Lamk.'Spendor'

编　　号：289
品种类别：引进品种
审定机构：全国牧草品种审定委员会
选育单位：四川省金种燎原种业科技有限责任公司

品种登记号：289
品种名称：杰威多花黑麦草
选育单位：四川省金种燎原种业科技有限责任公司
选育者：谢永良　姚明久　高燕蓉　付民主　章忠健
推广区域：南方水肥条件较好地区冬播，北方湿润地区春播

该品种由全国牧草品种审定委员会审定通过、登记为引进品种，并报农业部畜牧兽医局备案，准予在适应地区正式推广应用，特此证明。

全国牧草品种审定委员会
二零零四年十二月八日

品种特征特性

禾本科一年生或越年生草本植物。丛生型，根系发达，分蘖多，茎秆粗壮，株高 90～140cm，叶长 30～35cm，叶宽 8～12mm，叶色较深。穗状花序长 35～45cm，每穗有小穗约 35 个，每小穗有小花 8～14 朵。种子有芒，芒长 3～8mm，千粒重 2.2～3.0g。喜温暖湿润气候，抗寒能力中等，抗锈病能力强。苗期生长快，叶量丰富，品质好，适口性好。营养生长期干物质中含有粗蛋白质 23.8%、粗脂肪 5.8%、粗纤维 17.8%、无氮浸出物 39.4%、粗灰分 13.2%、钙 0.42%、磷 0.28%。干物质产量可达 12 000kg/hm^2。

栽培技术要点

播前精细整地，清除杂草。贫瘠土壤施用底肥可显著增产。南方冬闲田适宜秋播，高海拔地区和其他夏季凉爽地区可春播或夏播。窄行条播或撒播，行距 15～30cm，播深 1～2cm；条播播种量 22～30kg/hm^2，撒播播种量 30～40kg/hm^2。苗期要结合中耕松土及时除草，每 2～3 次刈割后可施氮肥并灌水。头茬一般在株高 45～50cm 时刈割，留茬高度 5cm。

适宜推广区域

适宜于我国长江中下游及其以南的大部分地区的冬闲田种植。

59 '百诺达'多年生黑麦草
Lolium perenne L. 'Barnauta'

编　　号：国 S-IV-LP-018-2020

品种类别：引进品种

审定机构：国家林业和草原局草品种审定委员会

选育单位：四川农业大学
　　　　　百绿（天津）国际草业有限公司

品种特征特性

　　禾本科多年生冷季型草本植物。须根系，株高 80~100cm，叶量大，叶片柔软，叶长 10~18cm。分蘖数多，穗状花序，穗长 15~25cm，每小穗有小花 7~11 朵。种子长 4~7mm，千粒重 1.9g。喜温凉湿润气候，较耐寒耐热。适宜生长温度为 25℃以下，35℃以上生长不良。适合多种土壤类型，略耐酸，适宜土壤 pH 值 6~7，对水分和氮肥反应敏感。在气候适宜地区，利用时间 3～5 年，适口性好，能耐受高强度刈割和啃食。每年可刈割草 4～5 次，再生速度快。生育期 293 天（秋播）。

栽培技术要点

适宜秋播，9—10 月播种最佳，要求 5cm 土层地温稳定在 10～15℃，多年生黑麦草应保证入冬停止生长前有一个月的生长期，以利于越冬。条播，行距 30cm，播种量 15～22.5kg/hm²，播种深度 1～2cm；播后及时查苗补缺、防除杂草、施肥、排灌并防治病虫害。头茬一般在株高 45～50cm 时进行刈割，留茬高度 5cm。

适宜推广区域

适宜于我国西南区亚热带海拔 800～2 500m、降水量 800～1 500mm 的温凉湿润山区种植。

60 '凯力'多年生黑麦草
Lolium perenne L. 'Calibra'

编　　号：368
品种类别：引进品种
审定机构：全国草品种审定委员会
选育单位：四川省金种燎原种业科技
　　　　　有限责任公司
　　　　　西昌市畜牧局

品种特征特性

禾本科多年生疏丛型草本植物，四倍体中熟型。须根系，株高70～110cm，分蘖数50～80个。叶量大，质地柔软，叶长8～18cm。穗状花序长20～30cm，每小穗有小花7～11朵。颖果黄色，种子长4～7mm，外稃无芒，千粒重约2.8g。喜温暖湿润气候，较耐寒，稍耐阴，耐短期排水不良。生育期291天（秋播）。再生快，在温和湿润气候地区可利用3～5年。年干草产量可达9 400kg/hm^2，抽穗初期干物质中粗蛋白含量16.4%，粗脂肪含量3.1%，粗纤维含量19.1%，无氮浸出物含量47.1%，粗灰分含量14.3%，钙含量0.45%，磷含量0.42%。

栽培技术要点

播前精细整地，清除杂草。在贫瘠土壤中施用底肥可显著增产。可春播或秋播，条播行距15～30cm，播深1.5～2cm，播种量15～22.5kg/hm²。苗期结合中耕松土及时除草。每2～3次刈割或放牧后，可施用尿素50～100kg/hm²。在孕穗至抽穗期进行第一次刈割，留茬高度约5cm。

适宜推广区域

适宜于四川海拔800～2 000m、年平均气温10～20℃、年降水量800～1 500mm的温暖湿润地区种植。

61 '尼普顿'多年生黑麦草
Lolium perenne L.'Neptun'

编　　号：391
品种类别：引进品种
审定机构：全国草品种审定委员会
选育单位：贵州省草业研究所
　　　　　贵州省饲草饲料工作站
　　　　　四川省金种燎原种业科技
　　　　　有限责任公司

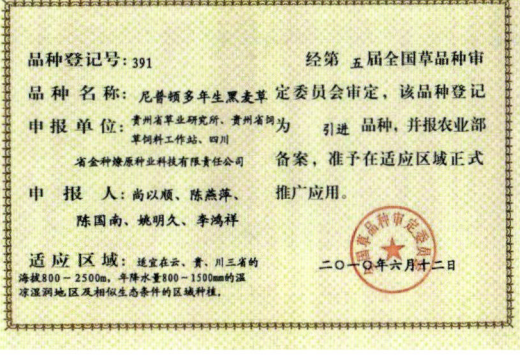

品种特征特性

禾本科多年生疏丛型草本植物。早熟型。须根系，株高70～110cm，分蘖多。叶量大，质地柔软，叶长10～18cm。穗状花序长20～30cm，每小穗有小花7～11朵。颖果黄色，种子长4～7mm，外稃无芒，千粒重约3g。适宜温暖湿润气候，耐寒性较好，适应多种土壤类型。生育期230～280天（秋播）。再生快，夏季干草产量

10 000～14 000kg/hm², 在温和湿润气候地区可利用3～5年。抽穗期粗蛋白质含量12.6%、粗脂肪含量4.4%、粗纤维含量27.2%、粗灰分含量13.1%、钙含量0.81%、磷含量0.42%。

栽培技术要点

播前精细整地，清除杂草，并在贫瘠土壤中施用底肥。可春播或秋播，条播行距15～30cm，播种深度1.5～2cm，播种量15～22.5kg/hm²。苗期结合中耕松土及时除草。每2～3次刈割或放牧后，可施用尿素50～100kg/hm²。孕穗至抽穗期进行第一次割草，留茬高度约5cm。

适宜推广区域

适宜于云南、贵州、四川3省海拔800～2 500m、年降水量800～1 500mm的温凉湿润地区及具有相似生态条件的区域种植。

62 '图兰朵'多年生黑麦草
Lolium perenne L. 'Turandot'

编　　号：488

品种类别：引进品种

审定机构： 全国草品种审定委员会
选育单位： 凉山彝族自治州畜牧兽医
研究所
四川省金种燎原种业科技
有限责任公司

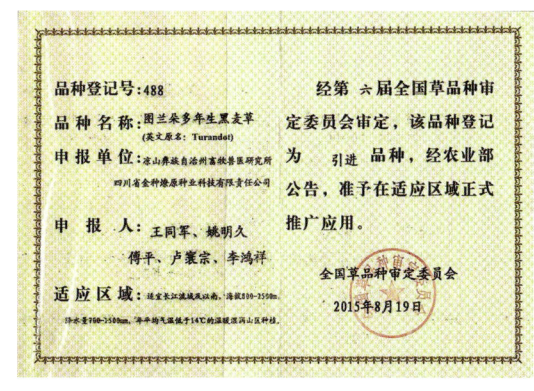

品种特征特性

禾本科多年生疏丛中晚熟冷季型牧草。须根系，株高60～110cm，叶量大，分蘖数多，盖度高。叶片深绿有光泽，叶长10～18cm。穗状花序，长15～30cm，每小穗有小花7～11朵。种子长4～7mm，外稃无芒，千粒重约3g。产量高，季节持续性好，富含可溶性糖分，适口性好，消化率高。耐寒性出色，耐潮湿，其密度和盖度明显优于其他品种，对锈病和叶斑等病害抗性好。生育期286天（秋播），每年可刈割4～6次，再生能力强，在温和湿润气候地区可利用3～5年。适宜温暖湿润气候，27℃以下为适宜生长温度，35℃以上生长不良，-15℃以下无法越冬，不耐严寒酷暑，

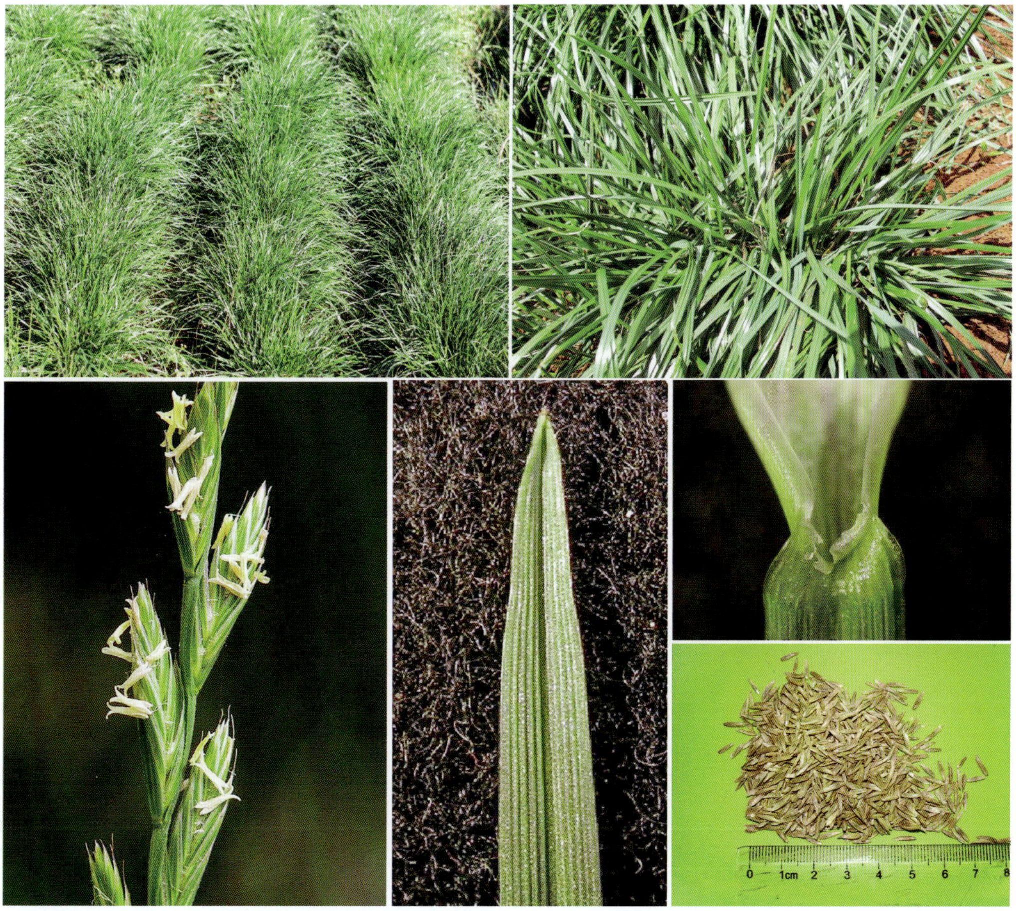

不耐阴。适应多种土壤类型，略耐酸，适宜土壤 pH 值 6～7，对水分和氮肥反应敏感。

栽培技术要点

播前精细整地除杂，施用底肥可显著增产。秋播以 9—11 月为宜，行距 15～30cm，播深 1～2cm，播种量 15～22.5kg/hm^2。与三叶草等混播时，可撒播，播种量酌情减少约 30%。苗期结合中耕松土及时除草。每 2～3 次刈割或放牧后，应施用氮肥并灌水。抽穗前至抽穗期割草，留茬高约 5cm，控制放牧强度以维持持久性。适宜在西南山区等气候温和湿润地区种植，作为多年生放牧和割草地使用。

适宜推广区域

适宜于长江流域及以南地区，海拔 800～2 500m、年降水量 700～1 500mm、年平均气温 <14℃的温暖湿润山区种植。

63 '劳发'羊茅黑麦草
Lolium multiflorum × *Festuca arundinacea* 'Lofa'

编　　号： 525
品种类别： 引进品种
审定机构： 全国草品种审定委员会
选育单位： 四川农业大学
　　　　　　四川省林丰园林建设工程有限公司

品种特征特性

禾本科多年生草本植物。该品种融合了黑麦草的高产优质特性和羊茅的强适应能力。株高 90～110cm，叶量丰富，分蘖数多，叶片深绿有光泽，叶长 10～18cm，叶片柔软。穗状花序，长 20～30cm，每小穗有小花 7～11 朵。种子长 4～7mm，外稃有短芒，千粒重 2.8～3.0g。喜温凉湿润气候，较耐寒耐热，25℃以下适宜生长，35℃以上生长不良，不耐酷暑，不耐阴。在气候适宜地区可利用 3～5 年，能耐高强度利用；耐寒性强，春季返青早，头茬产量高，每年可刈割 3～5 次，再生快。适合多种土壤，略耐酸，适宜土壤 pH 值 6～7，对水分和氮肥反应敏感。

栽培技术要点

适应多种土壤，播前精细整地，并彻底清除杂草，贫瘠土壤施用底肥可显著增产。春播或秋播，条播行距 20～30cm，播深 1～2cm，播种量 15～22kg/hm^2。苗期需结合中耕松土及时除尽杂草。每 2～3 次刈割或放牧后可施用尿素 50～100kg/hm^2；分蘖、拔节、孕穗期或冬春干旱时，需适当浇水。孕穗至抽穗期刈割，留茬高度约 5cm

适宜推广区域

适宜于西南温凉湿润地区及气候相似地区种植。

64 '珀修斯'羊茅黑麦草
Lolium multiflorum × *Festuca arundinacea* 'Perseus'

编　　号：国 S-IV-LM-014-2024
品种类别：引进品种
审定机构：国家林业和草原局草品种审定委员会
选育单位：四川农业大学
　　　　　四川省林业和草原发展研究中心（四川省林业和草原信息中心）
　　　　　重庆市畜牧科学院

品种特征特性

禾本科多年生草本植物。疏丛型，四倍体。须根系，株高 90～110cm，叶量丰富，分蘖数多。叶片深绿有光泽，柔软，叶长 10～18cm。穗状花序，长 20～30cm，每小穗有小花 7～11 朵。种子长 4～7mm，外稃有短芒，千粒重约 3g。喜温暖湿润气候，较耐寒，25℃以下适宜生长，35℃以上生长不良，不耐严寒酷暑，不耐阴。适应多种土壤，略耐酸，适宜土壤 pH 值 6～7，对水分和氮肥反应敏感。

栽培技术要点

播前精细整地,并彻底清除杂草,贫瘠土壤施用底肥可显著增产。春播或秋播,条播行距 20～30cm,播种深度 1～2cm,播种量 15～22kg/hm^2。苗期需结合中耕松土及时除尽杂草。每 2～3 次刈割或放牧后可施用尿素 50～100kg/hm^2。分蘖、拔节、孕穗期或冬春干旱时,需适当补水。孕穗至抽穗期刈割,留茬高度约 5cm,也可放牧利用。

适宜推广区域

适宜于长江中上游亚热带海拔 1 000～2 500m、年降水量 800～1 500mm、年平均气温 10～25℃的温凉湿润地区种植。

65 '泰特Ⅱ' 杂交黑麦草
Lolium × *bucheanum* 'Tetrelite II'

编　　号:456
品种类别:引进品种
审定机构:全国草品种审定委员会
选育单位:四川省金种燎原种业科技有限
　　　　　责任公司
　　　　　凉山州畜牧兽医科学研究所
　　　　　四川农业大学

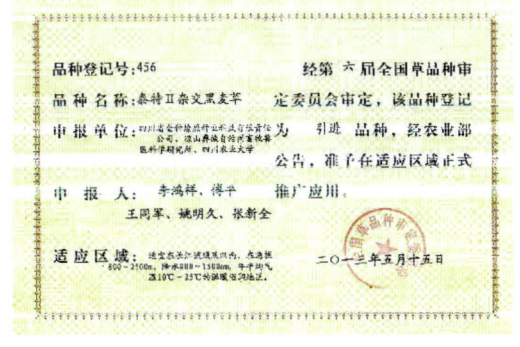

品种特征特性

禾本科疏丛型草本植物，中早熟。根系发达，须根密集，分蘖多，茎秆粗壮，株高 90～110cm。叶量丰富，分蘖数 60～100 个。叶片深绿色有光泽，长 10～20cm。穗状花序，叶长 20～30cm，每小穗有小花 5～11 朵。种子长 7～8cm，千粒重 4.0～4.6g。种子萌发迅速，抗逆性好，喜温暖湿润气候，春季开始生长早，不耐阴。再生快，产量和持久性受气候条件影响大，在温和湿润气候区可利用 3 年，在夏季炎热干旱地区只能利用 1 年。

栽培技术要点

播前精细整地，彻底清除杂草，施足底肥；可春播或秋播，条播行距 15～30cm，播深 1.5～2cm，播种量 15～25kg/hm^2，混播时播种量酌减。苗期结合中耕松土及时除草。每 2～3 次刈割或放牧后可施用适量氮肥。有条件的地方需适当沟灌补水。抽穗前至抽穗期刈割，留茬 5cm，放牧需适当控制强度，以维持草地持久性。

适宜推广区域

适宜于长江流域及以南海拔 800～2 500m、年降水量 800～1 500mm、年平均气温 10～25℃的温暖湿润地区种植。

66 '川草引 3 号' 虉草
Phalaris arundinacea L.'Chuancaoyin No.3'

编　　号：341
品种类别：引进品种
审定机构：全国草品种审定委员会
选育单位：四川省草原科学研究院
　　　　　四川省川草生态草业科技开发
　　　　　有限责任公司

品种特征特性

禾本科多年生草本植物。根系强大，具根状茎，分蘖多，再生力强，茎秆直立粗壮、光滑无毛，株高可达 150～213cm，有 6～7 节。叶鞘无毛，叶舌膜质，叶片扁平，长 17～34cm，宽 1.5～3cm。圆锥花序紧密狭长，密生小穗。种子纺锤形，灰褐色，有光泽，千粒重约 1.4g。耐涝，抗寒，持青期长，抗病能力强，适应性广，利用年限长。干草产量 700～800kg/亩，种子产量可达 40kg/亩，生物碱含量比野生材料降低 39%。是目前青藏高原地区产草最高的多年生禾本科牧草品种，可用于建立株丛繁茂的永久性割草地或放牧草地。

栽培技术要点

在青藏高原地区宜春播，播期为4月中旬至5月中旬。条播时行距20～30cm，播种量30～37.5kg/hm^2；撒播时播种量37.5～45kg/hm^2，播种深度3～5cm，也可与中华羊茅、草地早熟禾、箭筈豌豆等进行混播。生长期一般无病虫害。抽穗期收获其营养价值最高，收种和刈割牧草留茬高度以5～8cm为宜。

适宜推广区域

适宜于川西北高寒牧区种植。

67 '川草4号' 虉草
Phalaris arundinacea L. 'Chuancao 4'

编　　号：国 S-BV-PA-006-2024
品种类别：野生驯化品种
审定机构：国家林业和草原局草品种审定委员会
选育单位：四川省草原科学研究院
　　　　　内蒙古草业技术创新中心有限公司

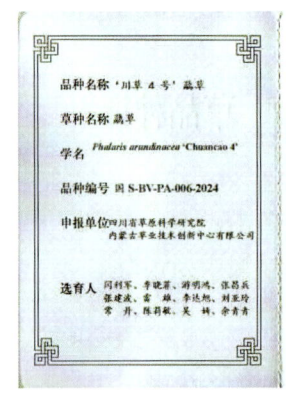

品种特征特性

禾本科多年生草本植物。具发达地下根茎，分蘖多，株高130～200cm，叶长27～35cm，叶宽20～26mm。圆锥花序长20～22cm，种子纺锤形，灰褐色，有光泽，长3.5mm，宽1.1mm，千粒重0.9g。在阿坝红原栽培条件下，生育天数113天，生长天数185天。4月中旬返青，5月中下旬拔节，7月初花期，8月上中旬种子成熟。干草产量10 840～13 000kg/hm^2，种子产量530～560kg/hm^2。耐湿，抗寒，在青藏高原−30.0℃可安全越冬。

栽培技术要点

播种前翻耕20～30cm，精细平整。结合整地施用农家肥18 000～22 500kg/hm^{2}或氮磷钾复合肥225～300kg/hm^{2}作为基肥。4月下旬至6月上旬播种，撒播或条播，条播播种量10.5～15kg/hm^2，撒播播种量15～18kg/hm^2。条播行距40～60cm，覆土1cm。翌年分蘖至拔节期追施氮肥60kg/hm^2、磷肥45kg/hm^2、钾肥30kg/hm^2。抽穗至灌浆期刈割，留茬高度5cm，刈割收获后追施氮磷钾复合肥15～25kg/hm^2。

适宜推广区域

适宜于青藏高原湿润地区及北方有灌溉条件的地区种植。

68 '川西' 藨草
Phalaris arundinacea L. 'Chuanxi'

编　　号：国 S-WDV-PA-006-2022
品种类别：野生驯化品种
审定机构：国家林业和草原局草品种审定
　　　　　委员会
选育单位：四川省草原科学研究院
　　　　　四川农业大学
　　　　　贵州省草业研究所
　　　　　四川省草原工作总站

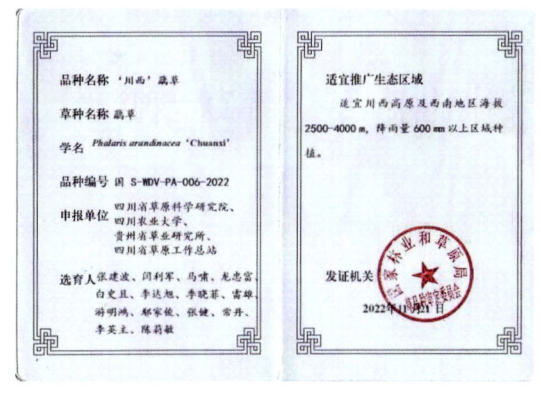

品种特征特性

禾本科多年生草本植物。直立，有根茎，根系发达，入土深可达 1m 以上。秆通常单生或少数丛生，株高 110～160cm，6～8 节。叶长 25～30cm，叶宽 13～21mm。圆锥花序紧密狭窄，长 8～14cm。花果期 6—8 月。种子千粒重约 1g。生育期约 160 天，生长天数约 220 天，干草产量 17 168kg/hm^2，茎叶比 2.6，初花期粗蛋白含量占干物质的 11.8%。耐水淹性能好，可长期生长在水中，在川西高原 –30.0℃ 可安全越冬。生态修复效率高，在布拖县，种植当年最大盖度为 48%，翌年分蘖期盖度达 94%。

栽培技术要点

种苗移栽 5 月上旬至 6 月中旬，移栽前 1 周留茬 15~30cm 刈割，2~3 个分蘖为 1 株丛，行距 60~100cm 穴播，一般 1 700~2 000 株/亩。种子建植 5 月上旬至 6 月中旬，播种量为 1.5~2kg/亩，行距为 30~50cm。施底肥可以与移栽同步进行，免耕补播地块可将有机肥与种子一起利用免耕补播机施入地中，施肥量 300~400kg/亩。苗肥和中期追肥一般采用氮肥，施肥量为 50~80kg/亩，视土壤肥力可适当增减。

适宜推广区域

适宜于川西高原及西南地区海拔 2 500~4 000m、年降水量 600mm 以上区域种植。

69 '川育 1 号' 象草
Pennisetum purpureum Schumach.'Chuanyu No.1'

编　　号：683
品种类别：育成品种
审定机构：全国草品种审定委员会
选育单位：四川农业大学
　　　　　四川省畜牧科学研究院
　　　　　四川省草业技术研究推广中心

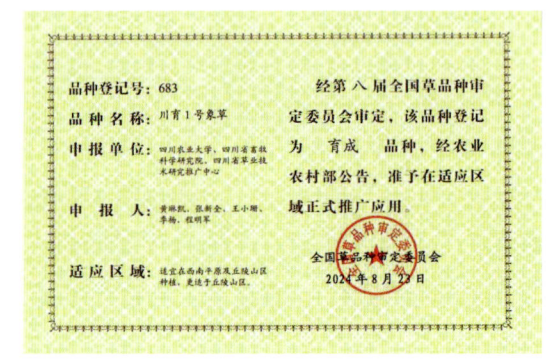

品种特征特性

禾本科多年生草本植物。茎秆直立，高3～4m，最高可达5m。具节，节间长10～20cm，节上具毛；多分蘖，可达50株以上。叶鞘具毛，叶片长条形，长80～110cm，宽4～5cm。圆锥花序呈黄色，长15～30cm，直径1～3cm。种子成熟时易脱落，且发芽率极低。喜温暖湿润气候，春季返青快，越冬性好。耐旱，对土壤要求不严格，再生能力强，生长迅速；抗倒伏，无明显病虫害；干草产量约18t/hm²。

栽培技术要点

以4—9月种植最佳，在日均气温达到15℃时即可种植。选择土层深厚、肥沃度好，水分充足，排灌方便的土壤为宜。深耕土地，每亩施复合肥30～50kg作基肥。利用种茎栽培，株行距60cm×80cm，选粗壮、无病、无损伤的成熟种茎切成每段带2个节，将种茎与地面45°斜放于行壁上，覆薄土，种茎顶端外露2～4cm，种后保持土壤湿润。苗期要及时除草。株高150cm以上时即可刈割，留茬高度6～10cm。

适宜推广区域

适宜于西南平原及丘陵山区种植，在丘陵山区越冬优势明显。

70 '川西'猫尾草
***Phleum pratense* L. 'Chuanxi'**

编　　号：533
品种类别：野生栽培品种
审定机构：全国草品种审定委员会
选育单位：四川省草原工作总站
　　　　　　甘孜藏族自治州草原工作站

品种特征特性

禾本科多年生草本植物。须根系，茎秆直立，株高80～160cm。叶片长条形，圆锥花序，淡绿色。颖果圆球形，表面光滑，细小。种子千粒重0.3～0.6g。在适宜区种植年均干草产量8～9t/hm^2，叶量较丰富、饲草品质好，马、牛、羊喜食。尤其是猫尾草具有长纤维，是赛马的最佳饲草。初花期干物质中粗蛋白质含量3.8%，粗脂肪含量13.6g/kg，粗纤维含量25.5%。

栽培技术要点

选择地势开阔平坦，土层厚度20cm以上，土壤有机质含量高，肥力中等，排灌方便，不易积水内涝，田间杂草较少的地块。春播4月中旬至5月中旬，秋播应在初霜前45天进行。人工草地以条播为宜，行距30～45cm，播深1～2cm，条播播种量7.5～15kg/hm^2，播后及时覆土，适当镇压，撒播播种量15～22.5kg/hm^2。天然草地

改良播种量可根据实际补播改良要求适当增减。种子生产播种量7.5kg/hm²，条播行距60cm，播深1～2cm。苗期生长缓慢，及时清除杂草。易遭黏虫、玉米螟等虫害，及早发现，并喷施2.5%高效氯氟氰菊酯水乳剂2 000～2 500倍液，或用20%虫酰肼悬浮剂1 000～2 000倍液，或用25%灭幼脲悬浮剂1 500～2 000倍液防治。

适宜推广区域

适宜于海拔1 500m～3 500m、年降水量500mm以上的地区种植。

71 '川引' 鹅观草

Roegneria kamoji (Ohwi) Keng & S. L. Chen 'Chuanyin'

- 编　　号：532
- 品种类别：野生栽培品种
- 审定机构：全国草品种审定委员会
- 选育单位：四川农业大学

品种特征特性

禾本科多年生冷季型草本植物，原始材料源自日本京都。植株高度1～1.2m，秆直立或基部斜生，分蘖10～15个。叶片浅绿色。穗状花序弯曲，长25～30cm，每节着生1枚小穗，每小穗有小花6～8朵。种子长5～10mm，外稃具芒，芒长3～5cm，内外稃几乎等长。种子千粒重6～8g。自花授粉，异源六倍体。春季返青早，具有产量高、分蘖多、持久性好、适口性好、消化率高、抗病虫、耐贫瘠、适应性强、混播融合度好等特点。生育期约245天（秋播）。每年可刈割1～2次，亩产鲜草3 500～4 700kg，干草550～800kg。抽穗期干草粗蛋白质含量24.6%、粗脂肪含量31.0%、粗纤维含量21.9%、中性洗涤纤维含量

46.0%、酸性洗涤纤维含量33.3%、粗灰分含量13.3%、钙含量1.97%、磷含量0.32%。

栽培技术要点

长江中上游亚热带气候地区一般秋播，寒温地区宜春播，温凉地区可春播或秋播，也可与其他禾本科、豆科牧草混播。以单独条播为佳，行距30cm左右，播幅5～10cm，播深2cm。条播播种量1.5～2kg/亩，撒播播种量适当增加。9月中下旬至10月中旬播种最佳。苗期防治杂草可使用双子叶杂草除草剂。刈割后追施尿素8～10kg/亩。一年可刈割1～2次，可利用5～8年或更长。可直接利用鲜草，也可青贮、调制干草和草粉。收种田应稀播，播种量1～1.5kg/亩，应及时收种。

适宜推广区域

适宜于我国长江流域亚热带海拔500～2 500m的丘陵、平坝、林下和山地地区种植。也可作为生态草，充分利用沟边地、开荒耕地、复耕地等土地种植。对土壤要求不严格，各种土壤均可生长。

72 '川中'鹅观草
Roegneria kamoji (Ohwi) Keng & S. L. Chen 'Chuanzhong'

编　　号：491
品种类别：野生栽培品种
审定机构：全国草品种审定委员会
选育单位：四川农业大学小麦研究所
　　　　　　西南大学荣昌校区

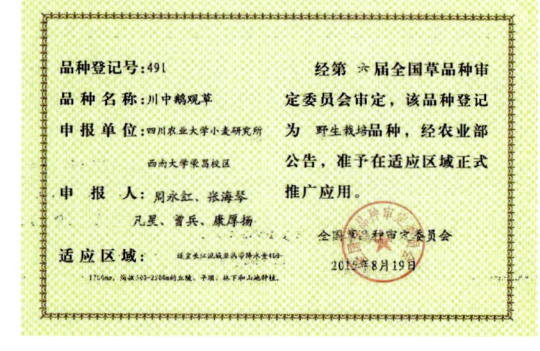

品种特征特性

禾本科多年生冷季型牧草。株高1～1.2m，茎秆直立或基部斜生，分蘖7～11个。叶片扁平，嫩绿色。穗状花序弯曲，长25～35cm，每节着生1枚小穗，每小穗有小花5～7朵。种子长5～10mm，外稃具芒，芒长2～4cm，内外稃几乎等长。种子千粒重4～6g。春季返青早，具有产量高、抗病虫、耐贫瘠、混播融合度好等特点。亩产鲜草3 200～4 600kg，干草500～780kg。生育期约235天。每年可刈割1～2次。抽穗期干草粗蛋白质含量24.6%、粗脂肪含量31.0%、粗纤维含量21.9%、中性洗涤纤维含量46.0%、酸性洗涤纤维含量33.3%、粗灰分含量13.3%、钙含量1.97%、磷含量0.32%。

栽培技术要点

长江中上游亚热带气候地区一般秋播，寒温地区宜春播，温凉地区可春播或秋播。条播或撒播，也可与其他禾本科、豆科牧草混播。以单独条播为佳，行距约30cm，播幅5～10cm，播深约2cm。条播播种量1.5～2kg/亩，撒播播种量适当增加。9月中下旬至10月中旬播种最佳。刈割后追施尿素8～10kg/亩。收种田应稀播，播种量1～1.5kg/亩，应及时收种。南方地区可每年收获种子。苗期注意防治杂草，可使用双子叶杂草除草剂。一旦建成，可利用5～8年或更长。每年可刈割1～2次。可直接利用鲜草，也可青贮、调制干草和草粉。

适宜推广区域

适宜于我国长江流域亚热带海拔500～2 500m的丘陵、平坝、林下和山地地区种植。作为生态草，可充分利用沟边地、开荒耕地、复耕地等土地种植。

73 '川西'肃草
Roegneria stricta Keng 'Chuanxi'

编　　号：565
品种类别：野生栽培品种
审定机构：全国草品种审定委员会
选育单位：四川农业大学
　　　　　四川省草原科学研究院

品种特征特性

禾本科多年生草本植物。株高1.2～1.4m，茎秆粗壮、直立，全株浅灰绿色。穗状花序直立，成熟时呈现紫红色，长14～18cm，每节着生1枚小穗，每小穗有小花5～8朵。种子外稃具芒，芒长3～5cm，成熟时芒反曲，千粒重4g。叶量中等，耐瘠薄。开花期平均茎叶比为1:5.6。具有生长旺盛、分蘖力强、植株高大、品质优良等特点，经济利用年限长达7～8年。播种后2～5年内，干草产量可达400～600kg/亩，种子产量达60kg/亩。初花期粗蛋白质含量7.8%、粗脂肪含量17.2g/kg、粗纤维含量38.3%、中性洗涤纤维含量73.9%、酸性洗涤纤维含量43.9%、粗灰分含量3.6%，钙含量0.16%、磷含量0.11%。

栽培技术要点

在寒温带及亚寒带地区适宜春播，5月播种，当年不能结实，株高30～40cm。条播或撒播，也可与其他牧草混播。以单独条播为佳，行距约30cm，播幅5～10cm，播深约2cm。条播播种量1.5～2kg/亩，撒播播种量适当增加。播种当年可施底肥复合肥 10～20kg/亩，翌年分蘖至拔节时酌情施速效氮肥 5～10kg/亩。苗期防治杂草可使用双子叶杂草除草剂。种子易脱粒，应及时收种。播种当年禁牧，种植翌年可适度放牧，每公顷控制在 3 只羊以下。适宜作割草地利用，抽穗期至开花期刈割可获得最佳营养价值，留茬高度 5～6cm，每年可刈割 1 次。在北方寒冷地区，10 月之前停止刈割，以利越冬。也可与禾本科牧草如老芒麦、垂穗披碱草、燕麦、小黑麦及豆科牧草紫花苜蓿等混播建植多年生人工草地，2～3 年即可形成优质人工草场。可青饲、

青贮或调制干草。在南方多雨地区，主要作为鲜草利用或青贮。牛、羊等反刍动物喜食，可直接采食，与精饲料混合饲喂效果更佳。一般在抽穗期选择连续3天以上的晴天刈割，割下就地摊成薄层晾晒，晒至含水量约55%再进行青贮。青贮时添加乳酸菌或酸化剂有助于青贮成功。在北方干燥地区多调制成干草贮藏。

适宜推广区域

适宜于我国青藏高原东部及北方寒冷湿润地区种植，海拔2 200～4 000m、年降水量600mm以上为最适区域。

74 '蜀草1号'高粱–苏丹草杂交种
Sorghum bicolor × *S. sudanense* 'Shucao No.1'

编　　号：551
品种类别：育成品种
审定机构：全国草品种审定委员会
选育单位：四川省农业科学院土壤肥料
　　　　　研究所
　　　　　四川省农业科学院水稻高粱
　　　　　研究所

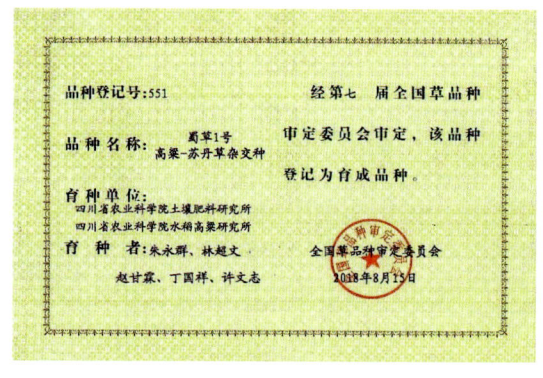

品种特征特性

禾本科一年生草本植物。生长速度快，产草量高，再生性强，具有粗蛋白含量高、粗纤维含量低、酸性洗涤木质素含量低、适口性好的特点。营养丰富，品质优良，第一次刈割时粗蛋白质含量11.10%、粗纤维含量27.4%、酸性洗涤木质素含量2.0%。

栽培技术要点

选择地势平坦、耕层深厚、土质肥沃、土壤肥力中等以上、保水保肥性能好、有灌溉条件的地块。播前1周清除杂草、石块和杂物，深翻耕备用，施用腐熟有机肥22 500kg/hm^{2}和过磷酸钙300kg/hm^{2}作基肥。

选择千粒重约10g、发芽率85%以上的种子，播种量30kg/hm^2；一般3月中旬至4月中旬地温稳定在10℃以上时春播。条播、撒播或点播，条播行距30cm，覆土深度1～2cm，土壤湿润者可不覆土。苗期及时中耕除草；拔节期一次追施尿素75kg/hm^{2}作为提苗肥，每次刈割利用后施用尿素75kg/hm^2；在特别干旱的地区、有灌溉条件的地方应在苗期和拔节期适量灌溉。在干旱少雨、气温较高的地区，早春需注意防治条螟，可用50%倍硫磷乳油稀释500～800倍喷施叶面，锈病可用80%代森锌稀释400～600倍喷施叶面。一般株高达到1.5m或孕穗期时刈割，留茬高度8～12cm，每隔30天刈割1次，每次刈割留茬比上次高1～2cm。饲草适宜饲喂牛、羊、马等各种草食家畜，以及草鱼、鳊鱼等草食鱼类。

适宜推广区域

全国各地适宜高粱、苏丹草种植的地区均可种植。

75 '蜀草4号' 高粱–苏丹草杂交种
Sorghum bicolor × *S. sudanense* 'Shucao No.4'

编　　号： 629
品种类别： 育成品种
审定机构： 全国草品种审定委员会
选育单位： 四川省农业科学院农业资源与环境研究所

品种特征特性

禾本科一年生草本植物。在南方地区春夏播均可，春播条件下，抽穗初期或株高约150cm时刈割，全年可刈割4～5次，一般亩产鲜草8 000～11 000kg；与黑麦草轮作，5月上旬播种，株高约200cm时刈割，可刈割2～3次，每茬鲜草亩产可达3 000～3 800kg。全株粗蛋白质含量10%以上，氢氰酸含量小于20mg/kg。适口性好，适宜青饲或青贮。抗旱、耐热性强，抗叶锈病、抗倒伏能力强。

栽培技术要点

选择地势平坦、耕层深厚、土质肥沃、土壤肥力中等以上、保水保肥性能好、有灌溉条件的地块，精细整地并清除杂草。翻耕深度25～30cm，耙平，施入优质腐熟农家肥 22.5～30t/hm² 或复合肥 450～600kg/hm²。选择籽粒饱满，千粒重约 10g 的种子，发芽率 85% 以上，播种量 30～37.5kg/hm²；与豆科牧草混播时，比例为 1:2 或 1:3。一般 3 月中旬至 4 月中旬春播，地温稳定在 10℃ 以上即可。条播、撒播或点播，条播行距 30cm，覆土深度 1～2cm，土壤湿润者也可不覆土。也可与多花黑麦草或燕麦轮作。苗期生长缓慢，应及时中耕除草；拔节期一次追施尿素 75kg/hm² 作为提苗肥，每次刈割后施用尿素 75kg/hm²。在特别干旱的地区，有灌溉条件的地方应在苗期和拔节期适时适量灌溉，每次灌溉定额 2 250～2 700m³/hm²。在干旱少雨、气温较高的地区，早春需注意防治条螟，可用 50% 倍硫磷乳油稀释 500～800 倍后喷施叶面，锈病可用 80% 代森锌稀释 400～600 倍后喷施叶面。一般株高 1.50m 或孕穗期时刈割，留茬高度 8～12cm。每隔 30 天左右刈割 1 次，每次刈割留茬比上次高 1～2cm。饲草适宜饲喂牛、羊、马等各种草食家畜，以及草鱼、鳊鱼等草食鱼类。

适宜推广区域

全国各地适宜于高粱、苏丹草种植的地区均可种植。

76 '川苏1号' 苏丹草

Sorghum sudanense (Piper) Stapf 'Chuansu No.1'

编　　号：628
品种类别：育成品种
审定机构：全国草品种审定委员会
选育单位：四川省农业科学院农业资源与环境研究所

品种特征特性

禾本科一年生草本植物。叶量丰富，产草量高，生长速度快，青饲、青贮均可，适口性好，可用于饲喂牛、羊、马、驴等草食动物及鱼类。植株高大，叶量丰富，分蘖数多，营养生长期长。

栽培技术要点

选择地势平坦、耕层深厚、土质肥沃、土壤肥力中等以上、保水保肥性能好、有灌溉条件的地块。精细整地并清除杂草。耕深25～30cm，耙平，施入优质腐熟农家肥22.5～30t/hm^{2}或复合肥450～600kg/hm^2。选择籽粒饱满、千粒重约10g、发芽率85%以上的种子，播种量30～37.5kg/hm^2。与豆科牧草混播时，比例为1:2或1:3。一般3月中旬至4月中旬春播，地温稳定在10℃以上即可。条播、撒播或点播，条播行距30cm，覆土深度1～2cm，土壤湿润者也可不覆土。苗期生长缓慢，应及时中耕除草；拔节期一次追施尿素75kg/hm^{2}作为提苗肥，每次刈割利用后施用尿

素75kg/hm^2。在特别干旱的地区，有灌溉条件的地方应适时适量灌溉，每次灌溉定额2 250~2 700m^3/hm^2，一般在苗期和拔节期进行。在干旱少雨、气温较高的地区，早春需注意防治条螟，可用50%倍硫磷乳油稀释500~800倍喷施叶面；锈病可用80%代森锌稀释400~600倍喷施叶面。一般株高1m或抽穗期时刈割，留茬8~12cm，每隔20~30天刈割1次，每次刈割留茬比上次高1~2cm。饲草适宜饲喂牛、羊、马等各种草食家畜，尤其是草鱼、鳊鱼等草食鱼类。

适宜推广区域

适宜于南方地区年降水量600mm以上的丘陵、平坝、盆州山区等地区种植。

77 '川苏2号'苏丹草
Sorghum sudanense (Piper) Stapf 'Chuansu No.2'

编　　号：641
品种类别：育成品种
审定机构：全国草品种审定委员会
选育单位：四川省农业科学院农业资源与环境研究所

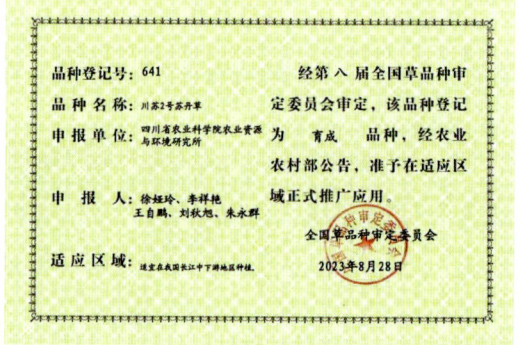

品种特征特性

禾本科一年生草本植物。植株高大，株型紧凑，可达3m，须根粗壮，茎节长12~16cm，无根状茎和匍匐茎。叶片线形或线状披针形，叶长40~58cm，叶宽3~4.5cm。圆锥花序，较疏松，长20~35cm，宽10~15cm。喜温暖气候，在弱酸和轻度盐渍土壤能生长，抗旱、适应性广，稳产性好，抗叶锈病、耐热性好。

栽培技术要点

最佳播种时间为3月上旬至5月上旬。播种时施用农家肥22 500kg/hm^{2}和过磷酸钙300kg/hm^2。条播或撒播，覆土1~2cm为宜，播种量以30kg/hm^{2}为宜。苗期生长缓慢，应中耕除草。拔节期追施一次尿素75kg/hm^2，每次利用后施尿素75kg/hm^2。在特别干旱的地区，视土壤墒情进行灌溉。营养价值高，适口性好，消化率高，饲喂效果佳，主要为鲜饲或青贮。一般株高1m或抽穗期刈割，留茬高度8~12cm，每隔20~30天刈割1次，每次刈割留茬比上次高1~2cm。适宜饲喂牛、羊、马等各种草食家畜及鱼类。

适宜推广区域

适宜于南方地区年降水量600mm以上丘陵、平坝、盆周山区等地区种植。

78 '玉草5号' 玉米 – 摩擦禾 – 大刍草杂交种
(*Zea mays × Tripsacum dactyloides*) × *Z. perennis* 'Yucao No.5'

编　　号：579
品种类别：育成品种
审定机构：全国草品种审定委员会
选育单位：四川农业大学

品种特征特性

植株直立丛生，茎秆粗壮，形似玉米，抽雄期平均株高为295.20cm，最高可达326cm，主茎粗5～6cm。叶色深绿色，单个茎秆叶片达21～30片，叶缘有锯齿状细毛。茎秆顶端着生圆锥花序雄花，花序长34～48cm，分枝6～11个，花粉高度不育。茎秆节点着生7～10个分枝，分枝顶端为穗状花序雌花，6～18个小穗在穗轴上呈双行互生排列，雌穗部分可育。植株分蘖和再生性强，第一年春种植的植株分蘖数（抽雄期）达28个以上，翌年再生单株分蘖（抽雄期）达46个以上。喜温，生长适宜温度20～35℃。在四川一般3月底至4月初移栽，20天后开始分蘖，营养生长期（出苗期至抽雄期）约100天，随后逐渐向生殖生长过渡，生长速度减慢，至第145天左右进入吐丝期，进入11月以后，植株逐渐枯黄进入休眠期，翌年2月底开始萌发。分蘖多、叶量丰富、茎秆嫩绿多汁，适口性好。抽雄初期刈割，粗蛋白质含量

10.48%，粗脂肪含量2.37%，酸性洗涤纤维含量36.31%，中性洗涤纤维含量61.57%。

栽培技术要点

播前深耕细作，开好排水沟，除掉杂草，施用底肥可显著增产。春播时，可直接分蔸种植或分蔸、扦插培育健壮幼苗后移栽，株行距（1～1.5）m×（1.2～1.5）m。移栽早期30天内植株生长较为缓慢，结合中耕松土及时除尽杂草，进入分蘖期后，及时施用肥料，刈割后适量追施氮肥。作青饲利用时，抽雄前至抽雄初期刈割；作青贮利用时，抽雄初期刈割。每年可刈割1～3次或更多，留茬高度3～5cm。

适宜推广区域

适宜于我国气候温暖湿润的长江流域及其以南的年降水量超过450mm的南方大部分山区、丘陵、平原种植。

79 '玉草1号'杂交大刍草
(*Zea mays* × *Z. perennis*) × *Z. perennis* 'Yucao No.1'

编　　号：374
品种类别：育成品种
主要用途：饲草、生态草
审定机构：全国草品种审定委员会
选育单位：四川农业大学

品种特征特性

禾本科多年生草本植物。植株繁茂，根系发达，茎秆粗壮，成株时株高可达3m以上，主茎粗17～21mm，叶长80～105cm，叶宽6～8cm。雄花属圆锥花序，主轴长27cm，分枝约12个；雌花属穗状花序，雌穗多而小，着生在距地面5～8节的叶腋中。籽粒黄白色，千粒重约250g，平均分蘖6～8个。在四川一般3月底至4月初播种，5月初进入分蘖期，5月中旬拔节期，6月孕穗期，7月抽雄期和吐丝期，11月初霜来临后，植株逐渐枯黄，全年生长天数约

270天。茎叶嫩绿多汁，适口性好。拔节期至抽雄初期粗蛋白质含量12.9%～15.3%，中性洗涤纤维含量61.0%～64.3%。

栽培技术要点

温度稳定在12℃以上即可播种，播种可采用直播或育苗移栽，每穴单株，2 500～3 500株/亩，有利于分蘖和再生。播种后30天内植株细小、生长较慢，不易封行，要及时中耕除草，防治地下害虫。施足基肥，每次刈割后结合灌水除草松土施肥，促其快速再生。作青饲时，刈割最佳时期应在播种后80天左右，留茬高度10～15cm。此后每隔40～60天可再次刈割，每年可刈割3～5次。

适宜推广区域

适宜于西南区亚热带及温带地区种植。

80 '升钟'紫云英
Astragalus sinicus L. 'Shengzhong'

编　　号： 522
品种类别： 地方品种
审定机构： 全国草品种审定委员会
选育单位： 四川省农业科学院土壤肥料
　　　　　　研究所
　　　　　　四川省农业科学院

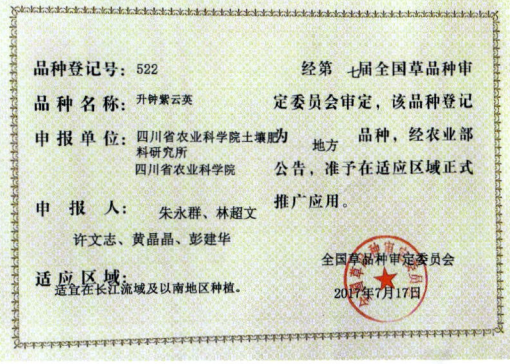

品种特征特性

禾本科二年生草本植物。在开花前刈割，风干草样的粗蛋白质含量23.0%、粗脂肪含量39.2g/kg、粗纤维含量13.2%、中性洗涤纤维含量25.7%、酸性洗涤纤维含量20.0%、粗灰分含量8.2%、钙含量1.07%、磷含量0.16%。每年可刈割4次左右，一般每公顷可产鲜草50t，最高可达60t。

栽培技术要点

适应多种土壤类型，但以排灌条件好为宜。精细整地并清除杂草，翻深25～30cm，耙平。视土壤肥力情况亩施农家肥2 000～3 000kg或尿素25～35kg和过磷酸钙20～30kg作基肥。播种前将种子摊晒4～5小时，晒种后加入一定量的细沙磨种子，将种子表皮上的蜡质去掉。南方一般以秋播为宜，最佳播种时间是9月上旬至10月中旬。播种量为22.5～30.0kg/hm²，与谷类作物（高丹草、小麦等）混播时，比例为2:1或3:1。条播行距30cm，点播穴距25cm，播深3～4cm。对水分敏感，怕涝，积水将严重影响产量，要做到合理灌溉。生长期可追施草木灰或磷肥2次；在土壤干燥时，在分枝期和盛花期灌水1～2次；春季多雨地区应进行挖沟排水，以免茎叶萎黄腐烂、落花落荚。若受到蚜虫为害时，可用40%乐果乳油1 000倍稀释液喷杀。草层高度达到40～50cm时可刈割利用，留茬高度5～8cm，刈割后待侧芽萌发后进行灌溉。调制干草可在盛花期进行刈割，作为家畜的优质青绿饲料和蛋白质补充饲料，喂猪效果更佳。茎叶可作鲜草刈割饲用，也可晒制成干草、草粉，作为混配饲料，或混贮作为冬、春季家畜的补充饲料。每次利用后应至少有2～3周的恢复时间，留茬高度5～8cm；也可利用上部2/3作饲料喂猪，下部1/3及根部作绿肥，连作3年可增加土壤有机质16%。是中国主要蜜源植物之一，花期每群蜂可采蜜25～35kg，最高达55kg。

适宜推广区域

适宜于长江流域及以南地区，尤其我国南方水田地区种植。

81 '润高'扁豆
Lablab purpureus（L.）Sweet 'Rongai'

编　　号：424

品种类别：引进品种

审定机构：全国草品种审定委员会

选育单位：四川农业大学
　　　　　百绿国际草业（北京）有限公司

品种特征特性

禾本科一年生或越年生蔓生草本植物。主根入土深，根系发达。茎生长活力强，爬蔓生长高度可达3～6m。三出复叶；单叶呈卵菱形，叶长7.5～15cm。总状花序，花白色，豆荚长4～5cm，呈弯刀形，表面光滑，内含2～4枚荚果。种子呈浅棕色，扁卵形，长1cm，宽0.7cm。茎、叶柔软，适口性良好，具有非常晚熟的特性，不易枯黄。全株粗蛋白含量约17%，叶片蛋白质含量25%～30%。

栽培技术要点

一般春播，西南地区4月10—20日，东北地区4月25—30日，施用有机肥2 000kg/亩或复合肥20kg/亩作底肥。播种前可将种子进行种衣剂拌种。单播播种量为1.5～2.5kg/亩；混播播种量为每亩2.5kg青贮玉米+2kg'润高'，亩保苗青贮玉米4 000株，'润高'1 500株。苗期及时中耕锄草，进行三铲三耥，并灌水施磷钾肥。单播株高50cm开始刈割，留茬高度15cm以上；混播应在玉米乳熟期进行收割，在田间混合粉碎后运回青贮。

适宜推广区域

适宜于年降水量650～2 000mm且无霜期120天以上，有效积温＞2 100℃的区域种植。

82 '凉苜1号' 紫花苜蓿
Medicago sativa L. 'Liangmu No.1'

编　　号：505
品种类别：育成品种
审定机构：全国草品种审定委员会
选育单位：凉山彝族自治州畜牧兽医科学
　　　　　研究所
　　　　　凉山丰达农业开发有限公司

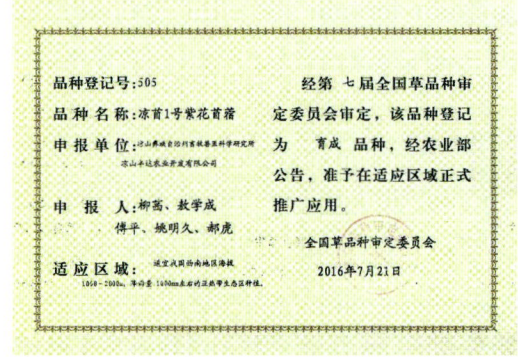

品种特征特性

豆科多年生草本植物。刈割型牧草，主根入土深度可达1m，侧根和须根主要分布于30～40cm深的土层中。根颈处着生显露的茎芽，可长出20～50条新枝。主茎直立、略呈方形，高70～98cm，多小分枝。总状花序，蝶形小花簇生于主茎和分枝顶部，每花序有小花17～46朵。果实为2～4回的螺旋形荚果，每荚内含种子2～6粒。种子肾形，黄色或淡黄褐色，表面具光泽，千粒重2.38g。全年可刈割6～8次。秋眠级数8.4。

栽培技术要点

选择排灌方便的沙质壤土。在翻耕前15天晴朗天气喷施除草剂，待杂草死亡后

进行翻耕，耕深 20～30cm，翻耕后耙平地面，施腐熟有机肥 22 500～30 000kg/hm²或磷酸二铵 300～450kg/hm² 作底肥。春播 3 月下旬至 4 月初，秋播 8 月下旬至 9 月初。条播和撒播均可，以条播为主，行距 25～30cm，播种量 18～22.5kg/hm²，播深 1～2cm。幼苗期应及时清除杂草，可使用"苜草净"进行化学除草。雨季防积水，旱季合理灌水。严防蚜虫、蓟马、草地螟等虫害，可选用氯氰菊酯、啶虫脒等杀虫剂喷杀，也可通过适时刈割来防治。初花期刈割，留茬高度 5～6cm。用于青饲、制作干草和青贮。

适宜推广区域

适宜于我国西南地区海拔 1 000～2 000m、年降水量 1 000mm 的亚热带生态区种植。

83 '卡利斯托'红三叶
Trifolium pratense L. 'Callisto'

编　　号：669
品种类别：引进品种
审定机构：全国草品种审定委员会
选育单位：四川农业大学
　　　　　四川省林业和草原发展研究中心
　　　　　重庆市畜牧科学院

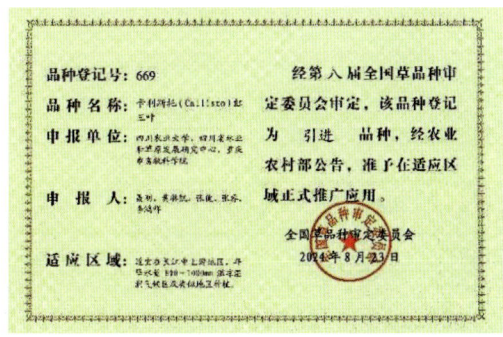

品种特征特性

豆科多年生草本植物。主根发达，根系多分布于30cm土层内，株高60～80cm，三出复叶，叶表面有"V"形白色或淡灰色斑纹，中间叶片平均长度58mm，宽度35mm。头状花序，单株花序数80～100个，每个花序平均含140朵小花；蝶形花冠，红色。荚果，内含1粒种子，种子棕黄色，千粒重1.6g。生育期275～285天。喜温凉湿润气候，耐湿、耐阴性强，对土壤要求不严，耐贫瘠、耐酸。

栽培技术要点

适宜在土层深厚、肥沃、中性或微酸性土地上生长，pH 值为 6～7，在肥沃的黏壤土上生长最佳。播前精细整地除杂，易积水地块要开沟。长江流域春秋播种皆可，以秋播为宜，一般不迟于 10 月中旬。采用撒播或条播，条播行距 20～40cm，播种量 8～12kg/hm²。苗期注意水分供应和控制杂草。混播以割草或轮牧利用为主，放牧利用时宜在株丛高度达到 15～20cm 开始。每次放牧或刈割利用留茬高度不低于 4cm。

适宜推广区域

适宜于长江中上游地区，年降水量 800～1 000mm 的温凉湿润气候区及类似地区种植。

84 '丰瑞德'红三叶
Trifolium pratense L.'Freedom'

编　　号：546
品种类别：引进品种
审定机构：全国草品种审定委员会
选育单位：四川省农业科学院土壤肥料
　　　　　研究所
　　　　　百绿（天津）国际草业有限公司

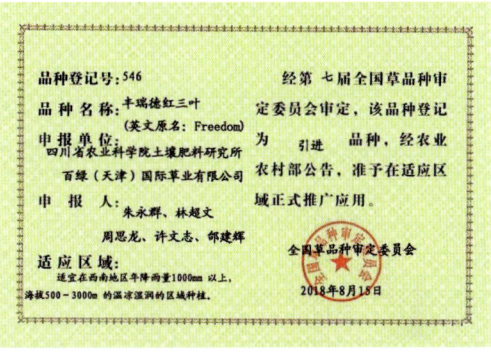

品种特征特性

豆科多年生草本植物。具有高干物质产量特性，生长速度快，产量季节分布均衡，茎秆无茸毛，耐旱能力差但耐湿性强，耐阴，适应性好，分蘖多，混播融合性好。营养价值高，适口性很好，消化率高。

栽培技术要点

最佳播种时间为春秋两季，北方春播时间为 5—7 月，南方 4—5 月春播、8 月中旬至 9 月中旬秋播。施堆肥或厩肥 15 000～22 500kg/hm² 或 300kg/hm² 过磷酸钙和 150kg/hm² 钾盐作基肥。种子与细沙以 1∶5 的比例混合撒播或条播，条播行距 20～40cm，覆土 2～3cm，播种量 8～15kg/hm²。苗高 10～15cm 和 20～30cm 时除草，及时防治病虫害。苗高 16～20cm 时追施尿素 130kg/hm²，即浅灌。酸性土壤刈割后酌量施氮肥。可放牧、青饲或青贮。一般草层高度 15cm 以上可放牧。在孕蕾前或草层高度 25～30cm 时刈割青饲和青贮，留茬高度 3～5cm。生长旺季 15 天左右刈割 1 次，6 月中旬停止刈割。青饲反刍家畜应与禾本科牧草搭配，占比 30%～40%，防止引起臌胀病。

适宜推广区域

适宜于年降水量1 000mm以上、冬无严寒、夏无酷暑的地区种植，在四川、云南、贵州、重庆等地可大面积推广种植，在海拔500～3 000m均可栽培。

85 '巫溪'红三叶
Trifolium pratense L.'Wuxi'

编　　号：145
品种类别：地方品种
审定机构：全国牧草品种审定委员会
选育单位：中国科学院综考会
　　　　　四川省草原工作总站
　　　　　四川省巫溪县畜牧局

品种特征特性

豆科多年生草本植物。株高60～100cm，主根明显，根系发达。茎秆直立或斜生，具长柔毛，粗3～5mm。茎秆带紫色环状条纹。小叶椭圆状卵形至宽椭圆形，长35～47mm，宽15～29mm，叶面具灰白色"V"形斑纹，下面有长柔毛。头状总状花序，花红色或淡紫红色。荚果倒卵形，含1粒种子，种子椭圆形或肾形，棕黄色或紫色，千粒重1.5～1.8g，硬实率10%～15%。返青早，枯黄晚，青草期近300天。分枝多，具有较强的耐刈、耐牧性。耐寒性较强，在大巴山区海拔2 100m的平坝地，冬季气温在-25℃左右仍能安全越冬。耐热性稍差，气温超过38℃，生长减弱甚至枯黄死亡。

栽培技术要点

播前精细整地,清除杂草,贫瘠土壤施用底肥可显著增产。可春播和秋播,可条播和撒播,撒播播种量 15～22.5kg/hm²,条播播种量 10～15kg/hm²,行距 30～40cm,播深 1～2cm。苗期要结合中耕松土及时除尽杂草。生长期注意白粉病、锈病及蚜虫等病虫害,发现后可及时用药进行防治。初花期刈割营养价值较好。

适宜推广区域

适宜于亚热带、海拔 1 800～2 100m 的中高山地区种植。

86 '川引拉丁诺'白三叶
Trifolium repens L. 'Chuanyin Ladino'

编　　号: 180
品种类别: 引进品种
审定机构: 全国牧草品种审定委员会
选育单位: 四川省雅安地区畜牧局
　　　　　　四川农业大学

品种特征特性

豆科多年生草本植物。主根短、侧根发达,地下部 0～10cm 内根系量占 0～40cm 的 77.1%。叶面具明暗不均的"V"形斑纹,叶片比一般品种大 1～3 倍,叶柄较粗,属大叶型品种。头形总状花序，花白色，种子细小，每荚3～4粒，千粒重0.5～0.7g。初花期干物质中粗蛋白质含量27.3%、粗脂肪含量4.0%、粗纤维含量16.0%、无氮浸出物含量42.3%、粗灰分含量10.4%。适口性好，牛、羊、猪、禽、兔、鱼均喜食。喜温凉湿润气候，耐湿、耐热、抗寒、抗病，能在四川盆地及各丘陵地区安全越夏越冬。再生力强，每年可刈割4～6次，产鲜草60 000～75 000kg/hm^2。

栽培技术要点

在亚热带地区平坝、丘陵、山地均可种植，适宜于pH值5.0～8.0的各类土壤种植，海拔1 000～2 500m为最适定植区。种子繁殖和无性繁殖，用种子繁殖播种期因地区而异，在温暖地区宜秋播，低湿地区宜春播。播前精细整地，播种量4.5～7.5kg/hm^2，撒播、窝播或条播均可，条播行距20～30cm，覆土1～2cm。播前施有机肥和磷肥，并用根瘤菌接种，将种子拌菌裹磷、丸衣化效果更佳。苗期应及时防除杂草。无性繁殖见效快，以春秋为宜，全垦清后施磷肥375～600kg/hm^2，视其用途可灵活定植行距，将种苗分蘖、分株、分段移栽均可，每窝1～3株，每株3～4节，斜插灌溉即可，去叶种茎用量为1 500～3 000kg/hm^2。栽后施定根淡肥水，遇干旱应浇水保苗，并宜尽快覆盖。可放牧用，或刈牧兼用。在堤坝、路边疏林地、陡坡裸地、果园中种植，是优良的水土保持植物和改土植物。

适宜推广区域

适宜于长江中上游丘陵、平坝、山地种植，海拔1 000～2 500m为最适区。

87 '克朗德'白三叶
Trifolium repens L.'Klondike'

编　　号：国S-IV-TR-017-2020
品种类别：引进品种

审定机构： 国家林业和草原局草品种审定委员会

选育单位： 四川省草业技术研究推广中心
西南民族大学
凉山彝族自治州畜牧站
四川农业大学

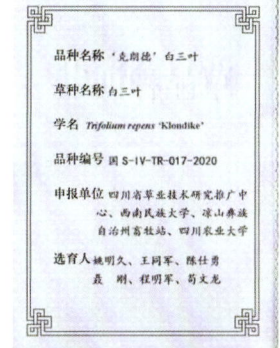

品种特征特性

豆科多年生草本植物。草层高可达30～60cm，匍匐枝长而发达，掌状三出复叶带"V"形白斑，叶柄较长，叶片较大，头型总状花序，含白色小花30～80朵，种子千粒重0.5～0.6g。适宜南北方温和湿润气候区，南方适宜海拔600m以上，降水量650～1 500mm，夏季连续干旱不超过3周的温和湿润地区。耐寒能力较突出，适应中性到酸性土壤。刈割后再生快，覆盖度好，竞争力强，能适应与较高牧草混播，可利用年限长，年可割草4～5次。

栽培技术要点

播前精细整地除杂，初次种植可接种根瘤菌，注意排水。南方秋播最佳，行距10～15cm，播种量8～10kg/hm²，宜浅播，混播播种量2.5～4.5kg/hm²。苗期控制杂草，高强度利用和氮肥可控制白三叶比例过高。遇干旱适当灌水。混播草地适合轮牧或割草，每次利用后应有至少2～3周恢复时间，割草留茬高度3～5cm。

适宜推广区域

适宜于南北方温和湿润气候区，南方适宜海拔800m以上、降水量650～1 500mm、夏季连续干旱不超过3周的温和湿润山区种植。也可用于对耐寒性有要求的北方低养护地被。

88 '瑞文德' 白三叶
Trifolium repens L.'Rivendel'

编　　号：国 S-IV-TR-006-2023

品种类别：引进品种

审定机构：国家林业和草原局草品种审定委员会

选育单位：四川农业大学

　　　　　四川省草原科学研究院

　　　　　四川省草原工作总站

　　　　　贵州省草业研究所

　　　　　甘孜藏族自治州草原工作站

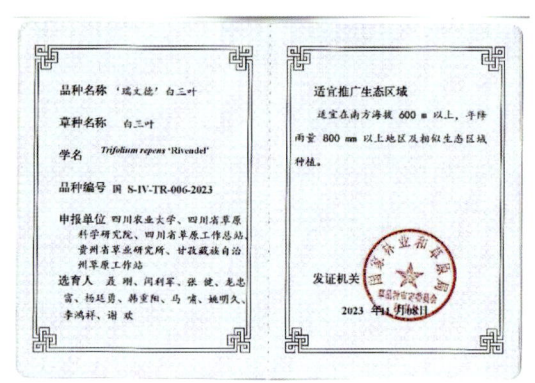

品种特征特性

豆科多年生草本植物。株丛低矮，高 20～30cm，分枝数多，掌状三出复叶带"V"形白斑，叶片较小，叶面积在 1 000mm^2 以下，头型总状花序，有白色小花 40～60 朵，种子千粒重 0.5～0.6g。耐热能力较好，耐寒能力较突出，在东北等冬季严寒地区也能生长。刈割后再生速度快，覆盖度好，竞争力强，适应范围广。

栽培技术要点

土地深耕，耙平。春播或秋播皆可，秋播 9 月中下旬播种，条播或撒播，条播行距 15～30cm，播种量 12～15kg/hm^2，播种深度 1cm。苗期保持地表湿润，注意杂草防除，土壤干旱时结合施肥进行灌溉，可通过偏施磷钾肥控制白三叶生长，越冬前灌

足冬水。当白三叶花序 70% ～ 80% 变为深褐色时进行收种，每亩可收种 10 ～ 15kg。可作为退化草地生态修复、固土护坡草种和景观地被利用。

适宜推广区域

适宜于南北方温和湿润气候区种植，在南方适宜海拔 600m 以上、年降水量 800mm 以上地区及相似气候区种植。

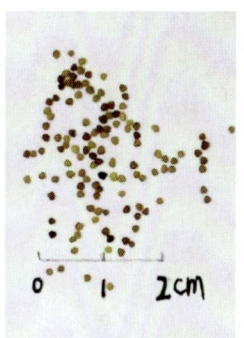

89 '舒克' 白三叶
Trifolium repens L. 'Sulky'

- 编　　号：624
- 品种类别：引进品种
- 审定机构：全国草品种审定委员会
- 选育单位：四川农业大学
　　　　　四川省草原科学研究院
　　　　　北京猛犸种业有限公司

品种特性特征

豆科多年生草本植物。主根短，侧根发达，多根瘤。株丛基部分枝 5 ～ 10 个，主茎长 35 ～ 60cm。掌状三出复叶，叶柄长 18 ～ 28cm，小叶长 2 ～ 3.5cm，头型总状花序，每花序 25 ～ 40 朵小花。荚果，种子心形、棕黄色，千粒重约 0.6g。喜温暖湿润气候，在西南中低海拔地区 9 月下旬播种，翌年 3 月下旬分枝期，4 月下旬现蕾期，7 月中旬完熟期，生育期约 270 天。对土壤要求不严，适应性强，抗病，耐热抗旱性强，在 -15℃条件下能安全过冬。营养价值高，是牛、羊、猪、兔和其他家禽的优质饲料。初花期粗蛋白质含量 25.8%、粗脂肪含量 2.2%、粗纤维含量 8.4%、中性洗涤纤维含量 15.7%、酸性洗涤纤维含量 12.0%、粗灰分含量 7.2%。

栽培技术要点

播前将地整平耙细，清除杂草。在土壤黏重、降水量多的地方种植，应开沟作畦以利排水。播前施腐熟有机肥 15～30t/hm² 或氮磷钾复合肥 150～225kg/hm² 作基肥。对有机质十分缺乏的土壤同时还要施厩肥，对酸性过强的土壤每亩补加 50kg 石灰作基肥。南方 3 月中旬前春播，10 月中旬前秋播。中低海拔地区以秋播为佳，但在冬季寒冷的地区宜春播。条播为宜，行距 30cm，播种量 7.5～10.5kg/hm²，撒播播种量适当增加 30%～50%。种子生产条播播种量 6.0～9.0kg/hm²。单播时刈割利用，与禾本科混播时比例为 1∶2，播种量 3.8～6.8kg/hm²。播种时用等量沃土拌种后播种较好。在土壤干旱时或结合追肥进行灌溉。收割后及入冬前或早春追施钙、钾、磷肥或过磷酸钙，每年施用 300～375kg/hm²。平时注意观察叶蝉、白粉蝶、地老虎、斜纹夜蛾、蚜虫、蜗牛等，一经发现及时防治。多作放牧用，可与禾本科牧草 2∶1 混播。放牧时轮牧较好，每次放牧后应停止 2～3 周以利再生，留茬高度 5～7.5cm。青饲可在孕蕾前或草层高度达 25～30cm 时刈割，第一茬刈割在现蕾或初花期进行，20～30cm 是刈割适宜期，留茬高度 5cm。刈割后再生能力强，迅速形成二茬草层覆盖草地。一般每 25～30 天利用一次，每年可刈割鲜草 4～5 次。在 6 月中旬应停止割草，使植株贮存养料，以利越夏。秋季生长茎叶应予保留，以利越冬。可采用日晒为主要手段调制干草，晾晒至鲜草水分含量在 17% 以下时，即可收回堆垛，或以烘干为主要手段，人为

控制调制环境,干草质量高,养分损失少。种子生产时5—7月种子陆续成熟,集中于6月,当多数花球呈黑褐色时,可一次性连草收割采收。也可在5月底开始分批人工多次采收种子。

适宜推广区域

适宜于长江中上游的中低海拔地区种植。

90 '川北'箭筈豌豆
Vicia sativa L.'Chuanbei'

编　　号：483
品种类别：地方品种
审定机构：全国草品种审定委员会
选育单位：四川省农业科学院土壤肥料
　　　　　研究所
　　　　　四川农业大学
　　　　　四川省金种燎原种业科技有
　　　　　限责任公司

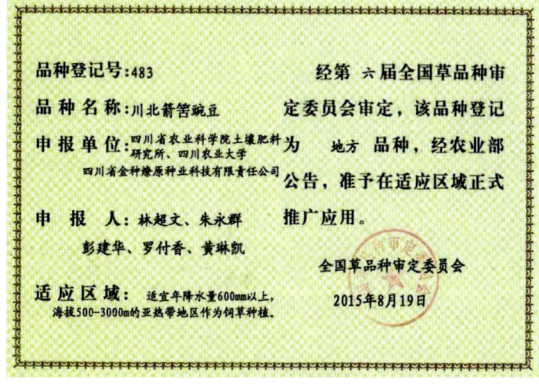

品种特征特性

豆科一年生草本植物。花期粗蛋白质含量21.0%、粗脂肪含量18g/kg、粗纤维含量21.0%、中性洗涤纤维含量33.5%、酸性洗涤纤维含量24.7%、粗灰分含量9.9%、钙含量1.23%、磷含量0.24%。

栽培技术要点

春播、夏播、秋播均可。最佳播种时间是8月下旬至9月底。播种时施农家肥22 500kg/hm^{2}和过磷酸钙300kg/hm^2,条播或撒播。覆土1~2cm最佳。割草地播种量70kg/hm^2,产种地60kg/hm^2。在第一次刈割后进行灌溉并合理追肥(主要追磷、钾肥),可与一年生黑麦草等混播。干旱较长时应酌情灌溉。以刈割利用方式为主,也可青贮或者调制干草。秋播地区一般于当年刈割1~2次,翌年可利用2次。在干旱少雨、气温较高的地区早春注意防蚜虫、白粉病等。结荚期注意观察、及时预防棉铃虫发生。在南方可与水稻、玉米、大豆等轮作,或与一年生黑麦草、小麦等混播。适合各种家畜,籽实可做精饲料。

适宜推广区域

适宜于年降水量600mm以上亚热带,海拔500~300m地区栽培。特别适合在长江中下游及四川、云南、贵州、重庆等平坝丘陵区种植。

91 '凉山'光叶紫花苕
Vicia villosa Roth var. *glabrescens* 'Liangshan'

编　　号：160
品种类别：地方品种
审定机构：全国牧草品种审定委员会
选育单位：四川省凉山州草原工作站

品种特征特性

豆科一年生或越年生草本植物。茎蔓生柔软，羽状复叶，尖端有卷须3～4枚，小叶椭圆形，6～11对。总状花序腋生，着生小花23～28朵，排于一侧，花呈紫蓝色。荚果矩圆形，种子球形，黑褐色，有绒光，千粒重约25g。根系发达，主根入土深1～2m，适应性强，能耐-11℃低温，在海拔 2 500m 地区可正常生长发育，对土壤要求不严，以排水良好的土壤为佳。鲜草产量 45 000kg/hm²，种子产量 450～750kg/hm²，各种畜禽均喜食。

栽培技术要点

四川最适宜播种期为 9 月中旬至 10 月上旬，最迟不超过 10 月中旬。宜选择沙质壤土，不宜低洼潮湿黏重土壤。精细整地，除杂草，施农家肥 800kg/亩，磷肥 15kg/亩作底肥。饲草生产选择水肥条件较好的地块，种子繁殖选择向阳坡（台）地。播种前，将种子进行破皮处理后用根瘤菌拌种，拌菌裹磷（丸衣化）。饲草生产套作播种

量3～4kg/亩，净作4～5kg/亩，保证每亩有基本苗8万株以上。种子生产播种量0.5～0.75kg/亩，可撒播、穴播或条播，播种前先浸种1天左右，待种皮膨胀后撒播；穴播株距15cm×15cm；条播行距15～30cm，覆土深度2～3cm。秋播后翌年春可施草木灰或磷肥1～2次，一般磷肥7.5～10kg/亩，增产效果显著。

适宜推广区域

适宜于我国西南、西北、华南山区推广种植。

92 '将军'菊苣
Cichorium intybus L.'Commander'

编　　号：351
品种类别：引进品种
审定机构：全国草品种审定委员会
选育单位：四川省畜牧科学研究院
　　　　　百绿国际草业（北京）有限公司

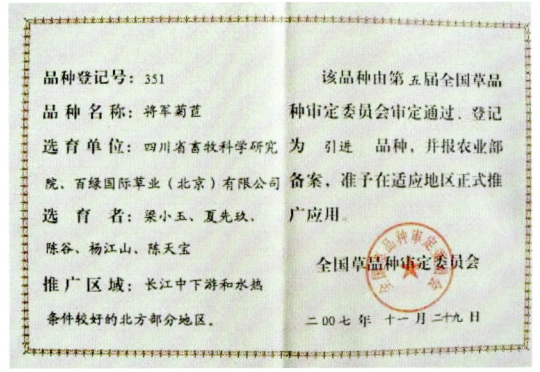

品种特征特性

菊科多年生草本植物。株高180～250cm，主根深而粗壮，主茎直立，莲座期叶丛型，基生叶片长约45cm，叶片宽大，叶宽约11.1cm，叶色翠绿。头状花序单生于枝端或2～3个簇生于叶腋，每个花序由16～21朵花组成，花舌状，蓝紫色，花期5个月，边开花边结籽。种子细小，褐色，千粒重1.1g。再生性强、耐刈割，在北方每年可刈割3～4次，南方每年可刈割5～8次，鲜草产量高达11 921kg/亩。草质柔嫩，莲座期粗蛋白质含量26.9%、粗脂肪含量5.4%、粗纤维含量12.9%、粗灰分含量14.0%、无氮浸出物含量40.9%。

栽培技术要点

9月上旬至10月下旬或3月上旬至5月上旬播种。整地时挖好排水沟，播前施有机肥3 000kg/hm^2、复合肥150～300kg/hm^2。育苗移栽行株距（30～40）cm×（25～40）cm，播种量约1.8kg/hm^2，每穴定苗1～2株。条播播种量约3.75kg/hm^2，行距30～40cm，播幅3～5cm；撒播播种量约5.25kg/hm^2，播深0.5～1.0cm，播后覆土，浇足水分。40～80cm刈割，抽薹后应及时刈割，留茬高度约5cm，苗期及刈割后追施尿素75～150kg/hm^2。夏季高温高湿注意防涝。

适宜推广区域

适宜于长江中下游及水热条件较好的东北、西北、华北等大部分地区种植。

93 '欧歌' 菊苣
Cichorium intybus L. 'OG0015'

编　　号：411

品种类别：引进品种

审定机构：全国草品种审定委员会

选育单位：四川省金种燎原种业科技有限责任公司

四川省川草生态草业科技开发有限责任公司

重庆格莱特牧业发展有限公司

品种特征特性

菊科多年生草本植物。主根肉质粗壮，莲座叶丛期株高约80cm，抽薹开花期可达170cm。茎具条棱，基生叶长条形，全缘，直立，叶片长30～46cm。头状花序单生于茎和枝端，花冠全部舌状，蓝色。瘦果黑褐色，种子千粒重约1.2g。喜温暖湿润气候，耐寒、耐盐碱，不耐涝。再生快，在北方每年可刈割3～5次，南方每年可刈割7～9次，西南地区年均干草产量22 000～24 000kg/hm², 在气候适宜地区可利用6～8年。生育期160～177天（四川秋播）。莲座叶丛期风干物中粗蛋白质含量21.0%、粗纤维含量13.0%、粗灰分含量16.3%、钙含量1.5%、磷含量0.42%。

栽培技术要点

播前需精细整地并除草。可春播或秋播，条播行距30～40cm，播深1cm，播种量3～5.25kg/hm²。在苗期要结合中耕松土及时除草。每2～3次刈割后可施尿素60～80kg/hm²。病虫害较少，注意排水。莲座叶丛期营养含量高，及时割草可抑制或避免抽薹开花。在菊苣生长旺季，每25～30天即可刈割1次，留茬高度不高于5cm，3～4cm最佳，两次利用间隔不长于25天。

适宜推广区域

除极端寒冷、干旱或炎热地区外，南北方均可种植，最适合年降水量500～1 500mm、年平均气温10～25℃的温暖湿润地区。

94 '川畜1号' 苦荬菜
Lactuca indica L. 'Chuanxu No.1'

编　　号：655
品种类别：育成品种
审定机构：全国草品种审定委员会
选育单位：四川省畜牧科学研究院
　　　　　四川农业大学

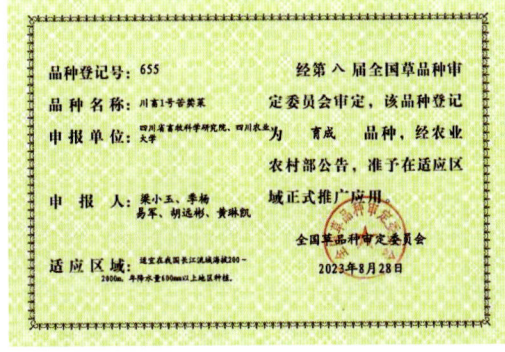

品种特征特性

菊科一年生草本植物。株高1.7～2.2m，直根系，主根粗大，纺锤形。茎秆直立粗壮，节间短，多分枝，光滑无毛，叶片灰绿色，椭圆状倒披针形，边缘全缘或波状。基生叶丛生，20～35片，抽薹期叶长32～46cm，宽9.0～17.3cm。头状花序，舌状花，淡黄色；瘦果，长卵形，成熟时褐黑色，顶端有白色冠毛，种子千粒重1g，异花授粉。全株含白色乳汁，味苦。耐瘠薄、耐干旱，较抗倒伏和病虫害。再生性强，晚熟，生长天数约300天。产量高，干草产量4 600～6 100kg/hm^2，第一茬粗蛋白质含量最高可达26.7%。

栽培技术要点

南方2月下旬至3月下旬或10月，北方4月下旬至5月上旬播种为宜。育苗移栽株行距（10～15）cm×（25～30）cm，播种量2.25～4.5kg/hm^2，定苗1～2株/穴。条播行距25～30cm，播种量6～9kg/hm^2，播幅3～5cm，播深1～2cm，播后覆土，浇足水。根据土壤墒情4～6天再浇水保持田间湿度。苗期追施尿素75kg/hm^2，每次刈割后追施尿素120～225kg/hm^2。株高45～60cm时刈割，留茬高度5～7cm，20～

30天刈割1次，每年刈割4～6次。抽薹后可剥叶利用，留新叶2～4片，新叶成熟可再次剥叶，15～25天即可剥叶。发生白粉病或霜霉病可适时刈割或用百菌清等防治。

适宜推广区域

适宜于海拔200～2 000m、年降水量600mm以上地区及类似生态条件地区种植。

95 '川选1号' 苦荬菜
Ixeris polycephala Cass. 'Chuanxuan No.1'

编　　号：557
品种类别：育成品种
审定机构：全国草品种审定委员会
选育单位：四川农业大学
　　　　　四川省畜牧科学研究院
　　　　　贵州省草业研究所

品种特征特性

菊科一年生草本植物。直根系，主根粗大，入土深达1m以上，根群集中分布在0～30cm的土层。茎直立，上部多分枝，光滑，株高1.5～2.5m。初为基生叶，丛生，15～25片，无明显叶柄，叶为卵形，成熟期叶长30～50cm，宽5～12cm，全缘或羽裂。全株含白色乳汁。头状花序，淡黄色；瘦果，长卵形，成熟时为紫黑色。分枝能力强，直立性强、抗倒伏。在四川丘陵地区的栽培条件下，生育期达190～201天。在南方年可刈割4～5次，鲜草产量一般达50 000～70 000kg/hm^2，干草产量4 500～7 000kg/hm^2。莲座期粗蛋白质含量16.6%、粗脂肪含量8.38%、粗纤维含量16.4%、中性洗涤纤维含量27.2%、酸性洗涤纤维含量25.4%、粗灰分含量10.9%、钙含量1.24%、磷含量0.19%。

栽培技术要点

中性、微酸性或黏壤土上生长最好。长江流域及以南地区春、夏、秋季均可播种，但以春播为佳，播期2月下旬至3月中下旬。条播、穴播、育苗移栽均可，可按2～5cm株距定苗。对水分敏感，积水将严重影响产量，需合理灌溉，做好开沟排水。通常在莲座期刈割后作青饲用，最好在抽薹前刈割。当株高达40～50cm时即可首次刈割，留茬高度5～7cm。南方每隔20～25天可刈割1次，每年可刈割4～5次，北方每年可刈割3～4次，随割随饲，最后一次刈割可以齐地割。亚热带地区主要作为饲草利用，可与茶、桑等经济作物间作。

适宜推广区域

适宜于我国长江流域海拔400～2 000m、年降水量600mm以上的地区种植。

96 '凉山'芜菁
Brassica rapa L. 'Liangshan'

编　　号：382
品种类别：地方品种
审定机构：全国草品种审定委员会
选育单位：凉山州畜牧兽医科学研究院
　　　　　　四川省金种燎原种业科技有限责任公司
　　　　　　西昌绿源农业科技有限责任公司

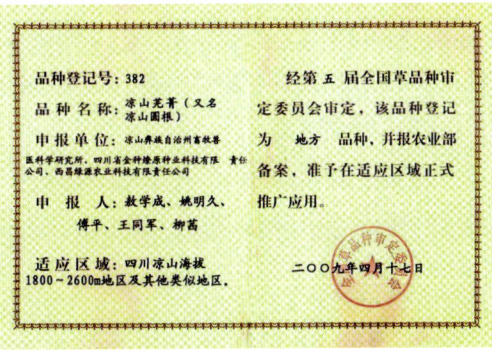

品种特征特性

十字花科越年生草本植物。根（茎）膨大形成扁圆形的肉质块根，块根皮呈紫色或白色，块根肉质呈白色，块根直径 5～20cm，厚度 4～8cm，生长时肉质根一半生长地下，一半生长土内，块根占全株重 87% 左右。种植当年形成母根，建植翌年抽薹、开花、结实，完成生育期。花茎直立，高 110cm，直根系，块根部顶生单叶裂叶，叶片数 16～40 片，簇生，具有腋芽，叶长 20～34cm，宽 6～10cm，叶片具有茸毛或刺毛，叶缘波浪状。总状花序顶生，花黄色，株平均花序数 92.7，花序小花数 93.2，花序结荚数约 50。长角果圆状，稍扁，长 4cm，先端具喙，成熟后常裂开，内呈念珠状排列 21 粒，种子小，呈圆形，深褐色或枣红色，千粒重 1.9g。能在南亚热带高寒山区多生态气候区中生长，喜温凉湿润气候；抗寒性强，在年均温 3～6℃高寒山区能正常生长。块根膨大生长速度快，膨大始期到收获期仅 60～70 天。鲜茎叶块根产量 84 730.2kg/hm²，最适繁种区在海拔 1 800～2 600m，种子生育期约 154 天，种子产量 1 368.03kg/hm²。块根干物质粗蛋白质含量 7.9%、粗脂肪含量 1.7%、粗纤维含量 14.6%、无氮浸出物含量 60.7%、粗灰分含量 13.6%、钙含量 0.251%、磷含量 0.021%；茎叶干物质粗蛋白质含量 8.7%、粗脂肪含量 2.5%、粗纤维含量 14.2%、无氮浸出物含量 59.1%、粗灰分含量 14.5%、钙含量 0.38%、磷含量 0.01%。块根肉质，味微甘，适口性好，猪、牛、羊均喜食。在凉山圆根种植核心区，一般 8 月中旬播种，5～7 天出苗，10 月上旬块根膨大期，12 月中下旬收获。繁种母根种植期 12 月下旬，翌年 2 月中旬进入萌发期，2 月下旬进入抽薹期，3 月下旬进入开花期，4 月上中旬进入结实期，5 月下旬种子收获期。

栽培技术要点

圆根生产宜秋播（7—8 月），净作或混作（与光叶紫花苕、荞子、萝卜混作）。播种量 2.25kg/hm²，撒播、条播、混播均可，以撒播为佳；苗期到块根膨大期除杂草 1 次，并按 30～50 株/m² 间苗。结合间苗追施尿素 525kg/hm²，中间间隔 15 天左右分 2 次追肥。出苗后 110～130 天，有脚叶变黄即可收获。种子生产时，选择块根直径 8～11cm，厚度 > 5cm，标准扁圆型、无病虫害、保留顶芽和根系作繁种母根；选择排水性好的土地，平整土壤后按 50cm×50cm 株行距挖窝种植，种母根保留顶芽和根系，1 窝栽植 1 个种根，海拔 2 500m 以下 11 月中下旬栽植，2 500m 以上在翌年 2 月栽植，在果荚 2/3 变黄时收种，收种期在 5—6 月。

适宜推广区域

适宜于四川凉山 17 县（市）海拔 1 800～2 600m 的高寒多生态地区种植，也适宜于周边雅安市、攀枝花市、乐山市、云南滇东北相类似生态区种植。

97 '攀西'蓝花子
Raphanus sativus L.var. raphanistroides（Makino）Makino 'Panxi'

编　　号：584
品种类别：地方品种
审定机构：全国草品种审定委员会
选育单位：四川省草业技术研究推广中心
　　　　　　四川省农业科学院土壤肥料研究所
　　　　　　凉山州畜牧兽医科学研究所
　　　　　　会理县农业农村局

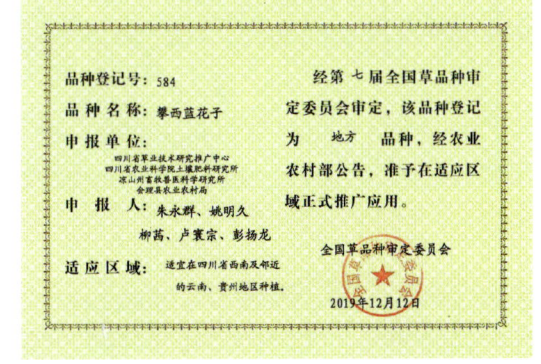

品种特征特性

十字花科一年生或二年生植物。多用性作物。耐干旱、耐瘠薄、耐酸碱，不论是水稻田、山坡地，红壤、黄壤，盐碱地均可种植。幼嫩叶片、薹茎可食用或饲用；上花下角时翻压入土中，可作为绿肥。种子可榨油，榨油后副产品饼枯可综合利用，且为优质畜禽精饲料；茎秆、果壳碾碎后是较好的饲料。花期长，花内蜜腺发达，是良好的蜜源植物。用途广泛，适应性强，对热量要求不高，生育期短，不择土壤，具有耐旱（降水量60mm以上能完成生育期）、耐酸碱等特性。

栽培技术要点

播前整地细平并清除所有杂草。施厩肥或磷、钾、钙复合肥450kg/hm^{2}作底肥。秋播或夏播均可。秋播大多在海拔2 000m以下的山地或稻田，一般在9月下旬至10月上中旬播种；夏播大多在海拔2 000～3 500m的山区、高寒山区的二荒地、轮息地，一般在5月上旬至7月上旬播种。窝播、条播或撒播均可，条播行距20～30cm，覆土1～2cm最佳。收草田播种量22.5kg/hm^2，种子田为15kg/hm^2。出苗率60%～90%时及时补种，出苗率低于50%的要及时翻犁重种。一般在2～3片真叶时间苗，4～5片真叶时定苗。适时排灌，及时中耕除草，苗期锄草1～2次。在干旱少雨、气温较高的地区，早春需注意防蚜虫、白粉病等。草层高度40～50cm时可刈割，留茬高度8～10cm。以刈割利用为主，也可青贮。

适宜推广区域

适宜于在各种气候条件种植，特别适合在四川省西南及邻近的云南、贵州、西藏等省区的干旱河谷地区、山区、高寒山区种植。

98 '黔南' 山麦冬
Liriope spicata (Thunb.) Lour. 'Qiannan'

编　　号：国 S-WDV-LS-015-2020
品种类别：野生驯化品种
审定机构：国家林业和草原局草品种审定委员会
选育单位：贵州省草业研究所
　　　　　四川省草原科学研究院

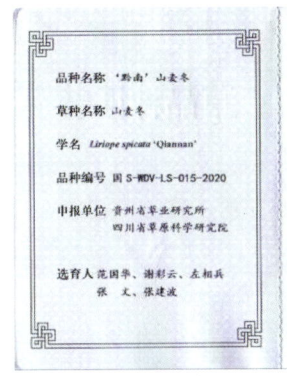

品种特征特性

百合科多年生草本植物。花期高 50～70cm，根稍粗，直径 2～3mm。根状茎短，木质，具地下走茎。叶深绿色，基生，禾叶状，密集成丛，长 30～68cm，宽 4～8mm。花多数，淡紫色，常 3～5 朵簇生于苞片腋内，总状花序长 6～14cm。球形种子，直径约 5mm，千粒重约 56g。喜温暖湿润气候，12℃时种子开始萌发，适宜生长温度 10～35℃，25℃以上生长较快。2 月下旬播种，当年不进行生殖生长，翌年 4 月下旬抽穗，6—7 月开花，8—10 月种子成熟，生育期 330～365 天。四季常绿，花序观赏期 56 天以上。

栽培技术要点

通常采用分株法栽培，多在春季种植，每个株丛分 3～5 株，每株 10～15 枚叶

片，株行距25cm×25cm，栽植深度7～10cm。移栽和秋季分施氮肥150～225kg/hm^2，群落形成前除杂1～3次。在南方雨季，注意黑斑病防治，一般发病初期用1∶100波尔多液防治，每10天喷1次，连续喷3～4次。

适宜推广区域

适宜于亚热带中低海拔地区及相似气候地区种植。

99 '都柳江'马蹄金
Dichondra repens Forst. 'Duliujiang'

编　　号：462
品种类别：野生栽培品种
审定机构：全国草品种审定委员会
选育单位：四川农业大学
　　　　　贵州省草业研究所
　　　　　温江区天府草坪园艺场

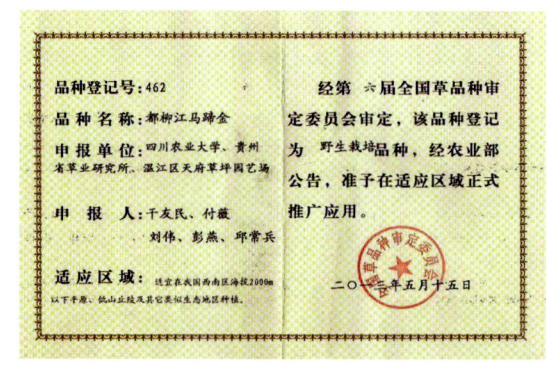

品种特征特性

旋花科多年生匍匐低矮小草本植物。主茎长约25cm，节间长约1cm，茎被短柔毛。叶呈马蹄状，先端宽圆形或微缺，基部阔心形，叶面积约1cm^2，被贴生柔毛，叶柄长约0.8cm。花单生叶腋，花冠钟状深裂，浅黄色。蒴果近球形，直径约1.5mm，种子1～2粒，黄色至褐色，千粒重约1.8g，结实率低于10%。西南区2月中下旬返青，3月现蕾，5—7月上旬种子成熟，生育期约110天。叶色碧绿、叶片细小、草层低矮、成坪快。喜光及温暖气候，耐阴、抗旱性较强，能耐一定低温，西南地区绿期可达300

天以上。抗病虫害能力强，耐粗放管理。

栽培技术要点

西南区较适宜的建植期为 4 月上旬至 6 月中下旬。一般用 10cm×10m 大小的草皮块按 20～30cm 行距与窝距均匀铺植，新移栽的草皮块需浇水至成活。成坪后，高温干旱季节可每 2 天浇水 1 次。生长季每月施氮肥 1 次，施用量 15～20kg/hm^2。坪用夏季和春秋易出现杂草，视情况人工拔除或使用除草剂。对夏、秋季出现的斜纹夜蛾、蜗牛、蛴螬等虫害，可使用常用的杀虫杀菌剂进行防控。

适宜推广区域

适宜于我国西南区海拔 2 000m 以下平原、低山丘陵及类似生态地区种植。

100 '小哨'马蹄金
Dichondra repens Forst. 'Xiaoshao'

编　　号：国 S-WDV-DR-009-2021
品种类别：野生驯化品种
审定机构：国家林业和草原局草品种审定委员会
选育单位：四川农业大学
　　　　　云南农业大学
　　　　　成都时代创绿园艺有限公司

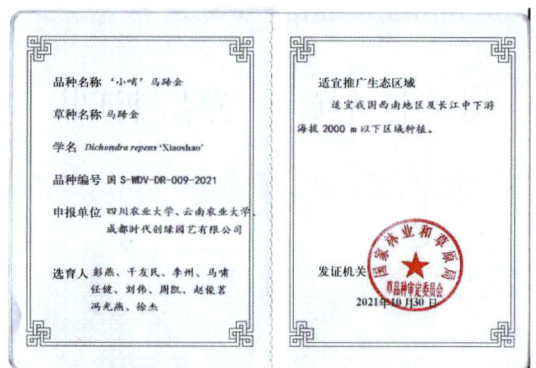

品种特征特性

旋花科多年生匍匐型草本植物。植株低矮，匍匐茎纤细。叶色亮绿，叶片形似马蹄，中等大小，叶片表面平整，垂直着生于叶柄。除 11 月至翌年 2 月外，其余时间均有开花，花朵较小，7—8 月结实，8 月下旬能采收种子，结实率低。草层低矮、致密，均一性好，观赏价值高；匍匐型生长，修剪次数极少。耐热、抗寒、耐阴、抗旱，适应性强，绿期长，病虫害较少，耐粗放管理，以无性繁殖为主。

栽培技术要点

在长江流域的最佳栽植期为 4—7 月。用 10cm×10cm 大小的草皮块按 20～30cm

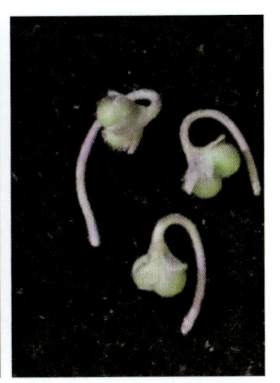

行距、20～25cm窝距均匀铺植。移栽后周边覆浅土（沙）、压实并浇透水。新移栽的草坪需每天浇水，湿润土层5～7cm，直至草块定根。成坪后，夏季高温干旱季节每2天浇水1次。生长季每月施氮肥1次，每次用量20kg/hm^2。夏季和春秋易于出现杂草，一般采用人工拔除，杂草较多时可使用除草剂。可能出现轻微的锈病、白绢病等，或夏、秋季遭受斜纹夜蛾、蜗牛、蛴螬等虫害，可用市面上常用的杀菌、杀虫剂进行防治。适用于公共绿地、观赏性草坪、运动场草坪及护坡草坪建植。

适宜推广区域

适宜于我国西南地区及长江中下游海拔2 000m以下，水肥条件较好的中低山、丘陵、平原及其他类似生态地区的城市绿化、观赏草坪及水土保持等。

101 '川西'庭菖蒲
Sisyrinchium rosulatum E. P. Bicknell 'Chuanxi'

编　　号：509
品种类别：野生栽培品种
审定机构：全国草品种审定委员会
选育单位：四川省草原工作总站

品种特征特性

鸢尾科宿根莲座丛状草本。须根系，黄白色，多分枝。茎秆纤细，高20～25cm，中下部有少数分枝，茎节常呈膝状弯曲，沿茎的两侧生有狭翅。株型掌状扁平。叶片互生，狭条形，基部鞘抱茎，顶端渐尖，无明显的中脉。花序顶生，苞片狭披针形，边缘膜质，内含4～6朵花；花淡紫色，喉部黄色；花梗丝状，子房圆球形，绿色，生有纤毛。蒴果球形，黄褐色或棕褐色，成熟时背开裂；种子多数，黑褐色，千粒重约0.2g。花期4—5月，果期6—7月。喜湿性强，尤其在低洼湿地长势更佳。种子成熟后植株出现枯黄，枯黄期约40天。耐寒性较强，在四川冬季植株不枯黄，遇霜打仍保持鲜绿。种子结实率高，易于繁殖。具有30～60天的观赏期，花淡紫色，似繁星镶嵌在草丛中，整齐而美观。密度大、耐湿性强、抗寒性好、恢复力强，能在洪雅等地安全越冬。

栽培技术要点

喜湿润且不怕涝，低洼地、池塘边、湿地边均可栽培。大面积种植时应选择较开阔平整的地块以便机械作业。种子生产时，选择较平整的地块，便于草坪机收种子。播前精细整地，清除生产地残茬、杂草和杂物，杂草严重时可采用除草剂处理后再翻耕。一般选择春播或秋播，撒播，播种量50kg/hm²，播后覆土1～2cm为宜。根系浅，可用分株法，春、秋季为适宜时期。春季3月中下旬播种，4月上旬出苗，6月开花，7月中下旬成熟，生育天数约100天，8月中下旬开始返青。若秋季播种（9月），约20天后出苗，之后处于营养生长状态，持续至翌年3月进入生殖生长阶段，4月初开花，花期50多天，6月初成熟，6月中下旬枯黄，生育天数达250天左右，随后7月底8月初再次返青。春季播种，当年种子产量约300kg/hm²，翌年种子产量可达500kg/hm²。种子休眠期短，条件适宜即可发芽。种子成熟后植株枯黄，用剪草机及时刈割残茬，30～50天后草坪即可自我更新。坪床保持湿润，以利于成坪，生长期间少量施肥。种子成熟，则用剪草机修剪收割，既可除去残茬，又可收获种子，降低收获成本。种子及时翻晒晾干，种球自动裂开露出种子。成坪前及早除杂以提高成坪速度。

适宜推广区域

适宜于西南地区海拔2 000m以下、年降水量1 000mm以上及长江中下游地区低洼湿地进行环境美化和景观建设。

省审草品种（56个）

1 '达尔德'燕麦
Avena sativa L. 'Dorada'

编　　号：川 S-IV-AS-007-2024
品种类别：引进品种
审定机构：四川省草品种审定委员会
选育单位：巴中市农林科学研究院
　　　　　四川省畜牧科学研究院
　　　　　四川志禾城锐农牧科技有限公司

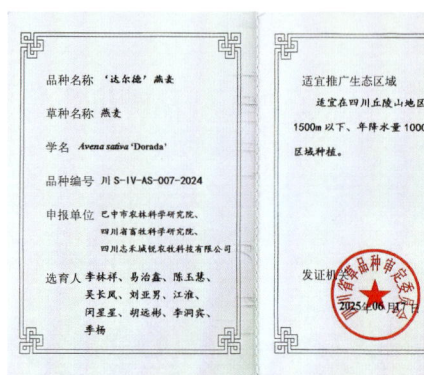

品种特征特性

禾本科一年生草本植物。茎直立，株高 180～200cm。叶片翠绿色，宽而平展，叶长 45～50cm，叶宽 3.5cm。圆锥花序。穗长 40～45cm，穗轴直立，有少量下垂，由 5～6 节组成，下部节多分枝；每小穗有 2～4 朵小花。颖果纺锤形，黄色，长 1.1～1.5cm，外稃具芒，千粒重 44g。自花授粉。乳熟期鲜草产量 3 800～4 400kg/亩，干草产量 740～870kg/亩。生育期 175～185 天。乳熟期粗蛋白含量 10.9%、粗纤维含量 30.7%、粗灰分含量 3.9%。

栽培技术要点

10 月至 11 月上旬播种，秋冬降雨过多时可延迟至 11 月下旬播种。播前深翻松耙，

清除杂物，挖好排水沟，施用腐熟有机肥 2 000～2 500kg/ 亩做底肥。条播或撒播，播种量 8～12kg/ 亩，条播行距 30cm，播深 2～3cm。出苗后及时查苗补缺、防除杂草、排灌。苗期中耕除草 1～2 次。分蘖至拔节期追施一次尿素 8～10kg/ 亩；孕穗期和灌浆期追施复合肥 5～10kg/ 亩。全期做好病虫害防治，播种时可选用拌种霜或者粉锈宁（三唑酮）按种子量的 0.2% 拌种，防治坚黑穗病；花期至灌浆期选用烯唑醇、氟啶虫酰胺等药剂防治锈病、白粉病和蚜虫等病虫害。青饲可于初花期刈割，制作青贮可于乳熟后期至蜡熟前期刈割。

适宜推广区域

适宜于四川丘陵山地区海拔 1 500m 以下、年降水量 1 000mm 以上区域种植。

2 '福瑞至'燕麦
Avena sativa L. 'ForagePlus'

编　　号：2018002
品种类别：引进品种
审定机构：四川省草品种审定委员会
选育单位：四川农业大学
　　　　　四川省草原科学研究院
　　　　　北京正道农业股份有限公司

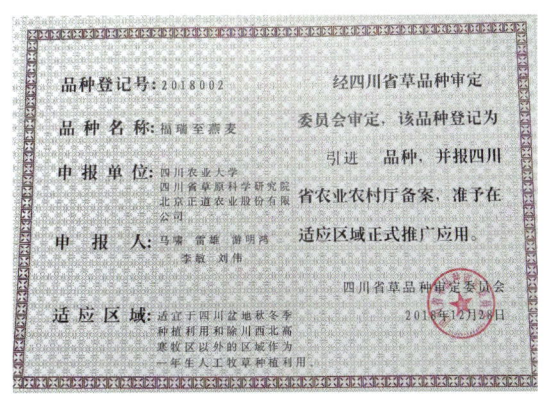

品种特征特性

禾本科一年生草本植物，饲草型晚

熟品种。根系发达，茎秆粗壮直立光滑，株高 130 ～ 185cm。株型紧凑，具 4 ～ 6 个伸长节，叶片 5 ～ 6 个。叶鞘光滑，叶舌大，叶片呈逆时针螺旋状，呈深绿色。圆锥花序，穗轴直立，穗长 17 ～ 32cm；外稃无毛，有短芒，颖果腹面有纵沟，成熟时内外稃紧包籽粒。种子草黄色，千粒重 38g。西南农区一般 9 月中旬播种，11 月上旬进入分蘖期，翌年 1 月中旬进入拔节期，2 月下旬孕穗，3 月底开花，4 月中旬灌浆，5 月初乳熟，5 月中下旬种子成熟，生育期 232 天。叶片宽大，抗病、抗倒伏能力强。叶量丰富，适口性好，对土壤要求不严，适应性强。

栽培技术要点

在农区冬闲田适宜秋播，牧区一般春播。条播或撒播，条播行距 20 ～ 30cm。播种量 90 ～ 120kg/hm²。苗期易受杂草危害，三叶期后，视杂草情况，可选择晴朗天气

喷施选择性除草剂防治杂草。分蘖期至拔节期追施尿素 150～225kg/hm²。花期刈割品质好，若要获得更高产量，可在乳熟期稍高于地面刈割。多用于青干草调制和青贮加工，也可青饲利用。

适宜推广区域

适宜于四川盆地秋冬季种植利用和除川西北高寒牧区以外的区域作为一年生人工牧草种植利用。

3 '黑玫克'燕麦
Avena sativa L.'Haymaker'

编　　号：2021002
品种类别：引进品种
审定机构：四川省草品种审定委员会
选育单位：四川农业大学
　　　　　四川省草原科学研究院

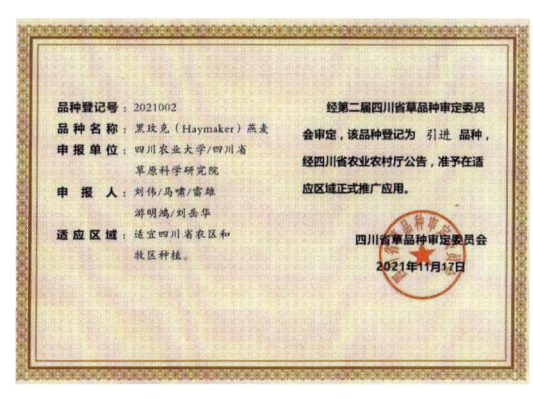

品种特征特性

禾本科一年生草本植物。须根系发达，茎秆粗壮直立，株高 140～160cm，丛生，分蘖多。叶片宽而平展，长 40～50cm，宽 25～35mm，叶量大。穗型侧散型，圆锥花序开散，穗轴直立或下垂，由 4～6 节组成，每小穗有小花 2～3 朵。颖果纺锤形，外稃具短芒或无芒，种子千粒重 46g。喜冷凉湿润气候。在成都冬闲田栽培条件下，10 月中旬播种，翌年 4 月上旬开花，6 月初种子成熟，生育期约 232 天。在川西北牧区，5 月初播种，7 月中下旬抽穗开花，

9月下旬逐渐进入成熟期，生育期120～140天。叶量丰富，产量高，适口性好，抗倒伏能力强，抗寒耐旱，具有晚熟特性。对土壤要求不严，适应性强。

栽培技术要点

播前整地，施用腐熟牛羊粪15 000～30 000kg/hm^{2}或氮磷钾复合肥（N：P：K=15：15：15）150～225kg/hm^{2}作基肥。平原丘陵区冬闲田可在9月中下旬至10月中旬秋播，川西北高原牧区可在4月中旬至5月上旬春播。条播或撒播，条播行距20～30cm，播种量90～120kg/hm^2。苗期注意防治地老虎等害虫。三叶期后，视情况选用除草剂防治杂草。干旱地区，可在分蘖、抽穗和灌浆期浇水2～4次，分蘖初期或中期施尿素70kg/hm^{2}作为提苗肥，孕穗期再施尿素70kg/hm^2。可于乳熟期刈割，用于青干草调制和青贮加工，也可青饲利用。

适宜推广区域

适宜于四川农区与牧区种植。

4 '科纳'燕麦
Avena sativa L. 'Kona'

编　　号：2021001
品种类别：引进品种
审定机构：四川省草品种审定委员会
选育单位：西南民族大学
　　　　　北京猛犸种业有限公司
　　　　　四川省草业技术研究推广中心

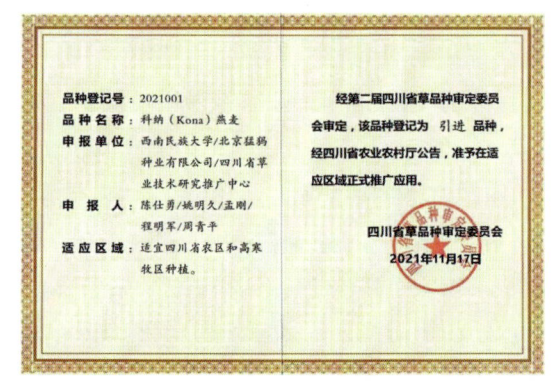

品种特征特性

禾本科一年生草本植物，小籽粒中秆型饲用品种。株高120～130cm，须根系发达，茎秆粗壮直立。叶片宽而紧凑，叶层较高，长15～30cm，宽1～2.5cm。圆锥花序开散，穗轴直立，由4～6节组成，下部各节分枝较多。小穗着生于分枝顶端，每小穗有小花2～5朵，稃片斜长卵形，膜质。颖果纺锤形，外稃无芒或具短芒，种子千粒重28～30g。适应性较强，抗寒、耐旱、抗倒伏，中晚熟，其产量高且稳定，叶量丰富。干草产量11 250～13 500kg/hm^2。乳熟期粗蛋白质含量7.3%、中性洗涤纤维含量58.0%、酸性洗涤纤维含量37.2%、粗脂肪含量2.6%、粗灰分含量8.5%、钙含量0.47%、磷含量0.25%。

栽培技术要点

播种前深翻松耙，清除杂物，施足底肥（每亩尿素5kg，磷酸二铵10kg），耕翻深度

20～30cm，耙糖、镇压。四川农区秋播，每年10月播种，撒播，播种量6～8kg/亩；川西北高寒地区春播，一般在4月上旬至6月上旬。种子田条播，行距15cm，播种量8～12kg/亩；饲草田条播或人工撒播，条播行距15～20cm，播种量13～16kg/亩，人工撒播种量15～18kg/亩。播种深度3～4cm，播后覆土、耙糖和镇压。及时查苗补缺、防除杂草、施肥、排水并防治病虫害，以满足正常生长发育的水肥需求。在农区种植1—3月易出现病虫害，应及时处理。饲草田最佳刈割时期为抽穗到盛花期，主要用于调制青贮料和制作青干草，也可青饲。收种时，需待最上部的籽粒达到完熟，而下部的籽粒蜡熟期时收获。主要用作饲草，刈割后可青饲、调制干草或青贮。

适宜推广区域

适宜于四川农区和高寒牧区推广种植。

5 '梦龙'燕麦
Avena sativa L. 'Magnum'

编　　号：2017005
品种类别：引进品种
审定机构：四川省草品种审定委员会
选育单位：四川省草原科学研究院
　　　　　北京百斯特草业有限公司

品种特征特性

禾本科一年生草本植物。根系发达，茎秆粗壮直立，株高130～185cm。叶鞘光滑，叶舌大，叶片扁平，墨绿色。圆锥花序，穗轴直立，穗长18～30cm。外稃无毛，有短芒，颖果腹面有纵沟，种子草黄色，千粒重42g。自花授粉，适于凉爽湿润地区种植。在四川红原栽培条件下，5月初播种，9月初乳熟，9月中下旬种子成熟，生育期134天。分蘖能力强，抗倒伏、抗寒、抗病能力强。

栽培技术要点

播前翻耕、耙旋平整地面。除卧圈地外，施用腐熟牛羊粪15 000～30 000kg/hm^{2}或氮磷钾复合肥（N∶P∶K= 15∶15∶15）150～225kg/hm^{2}作基肥。高寒牧区4月

底至 5 月中旬播种最佳，盆周山区可利用冬闲田秋播种植。条播或撒播，条播行距 20～40cm，播种量 120～180kg/hm^2，播种深度 2～3cm。播后轻旋盖种或牛羊践踏盖种。苗期易受杂草危害，三叶期后，视杂草情况，可选择晴朗天气喷施选择性除草剂防治杂草。分蘖期至拔节期追施尿素 150～225kg/hm^2。乳熟期稍高于地面刈割，用于制作青干草或调制青贮草料。

适宜推广区域

适宜于川西北高原及气候条件相似地区种植。

6 '莫妮卡' 燕麦
Avena sativa L. 'Monida'

编　　号：川 S-Ⅳ-AS-008-2024
品种类别：引进品种
审定机构：四川省草品种审定委员会
选育单位：四川省畜牧科学研究院
　　　　　北京百斯特草业有限公司

品种特征特性

禾本科一年生草本植物。植株高大，株高约 170cm，茎粗多在 0.5cm 左右。叶片宽而平展，长 40～50cm，宽 2.4～3.0cm。圆锥花序侧开型，穗轴直立或下垂，由 4～6 节组成，下部各节分枝较多。颖果纺锤形，外稃具短芒或无芒，千粒重 37g。自花授粉。乳熟期鲜草产量 3 600～4 200kg/亩，干草产量 625～800kg/亩。中熟，生育期 201 天。乳熟期全株粗蛋白含量 9.6%。

栽培技术要点

10 月播种，条播或撒播，播种量 10～12kg/亩，条播行距 30cm，播种深度

2～3cm。播种前深翻松耙，清除杂物，挖好排水沟，施用复合肥20kg/亩做底肥。苗期应定期检查苗情并及时补种，中耕除草1～2次，进行适当的灌溉和排水。分蘖期追施尿素5～10kg/亩；孕穗期和灌浆期追施复合肥5～10kg/亩。次年3月需注意防治白粉、条锈病、蚜虫等病虫害。初花期刈割可青饲利用，乳熟期刈割用于调制青贮料。

适宜推广区域

适宜于四川平原、丘陵及盆周山地区海拔1 800m以下、年降水量800mm以上区域种植。

7 '泰森'燕麦
Avena sativa L. 'Nelson'

编　　号：川S-IV-AS-009-2023
品种类别：引进品种
审定机构：四川省草品种审定委员会
选育单位：四川省草原科学研究院
　　　　　西南科技大学
　　　　　北京阳光绿地生态科技有限公司
　　　　　四川农业大学
　　　　　凉山彝族自治州农业科学研究院

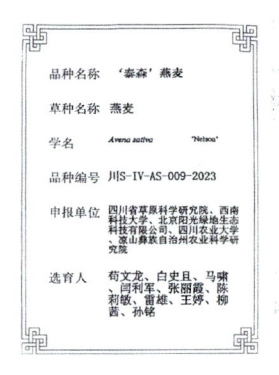

品种特征特性

禾本科一年生草本植物，饲草型中晚熟品种。株高130～165cm，茎粗平均4.46mm。叶鞘光滑，叶片扁平、深绿色，旗叶长16～26cm，旗叶宽13～21mm，倒二叶长18～33cm，宽1.2～2.4cm。圆锥花序，金字塔形，穗长19～32cm。外稃无毛，有短芒，颖果腹面有纵沟，成熟时内外稃紧包籽粒。抗倒伏能力强，蜡熟期倒伏率为9.6%。种子千粒重40g。鲜草产量39 095～55 409kg/hm^2，干草产量9 350～13 762kg/hm^2。适于冷凉湿润地区种植，在四川红原栽培条件下，生育期约137天。

栽培技术要点

选取土层深厚、排水良好的地块，清理石块、杂草等杂物，翻耕、耙平地面，施腐熟牛羊粪15 000～30 000kg/hm^{2}或复合肥（N∶P∶K=15∶15∶15）150～225kg/hm^{2}作基肥。高寒牧区4月底至5月中旬播种最佳；条播、撒播均可，条播行距20～30cm，播种量120～150kg/hm^2，播种深度2～3cm，播后覆土盖种。苗期视杂草情况，可选择晴朗天气喷施选择性除草剂防治。分蘖至拔节期追施尿素150～225kg/hm^2。制作青干草可在燕麦开花至灌浆期收获，调制青贮可在灌浆乳熟期收获，留茬高度5cm。种子生产时，需待穗下部籽粒进入蜡熟期时收获。适用于一年生人工草地建植、冬闲田种草，或用作多年生人工草地建植的先锋草种。

适宜推广区域

适宜于四川盆地丘陵、平原及川西高原区燕麦适宜栽培区种植。

8 '苏特'燕麦
Avena sativa L. 'Shooter'

编　　号：2018003
品种类别：引进品种
审定机构：四川省草品种审定委员会
选育单位：四川省草原科学研究院
　　　　　四川农业大学
　　　　　北京正道生态科技有限公司

品种特征特性

禾本科一年生冷季型草本植物。植株高大，株高140～170cm，须根发达，茎秆直立光滑。叶片扁平宽大，深绿色，长40～60cm，宽2～3cm。圆锥花序开散，小穗柄弯曲下垂，每小穗有小花2～4朵。颖果纺锤形，种子千粒重30～40g。喜冷凉气候，叶片扁平宽大，分蘖数、叶片长宽及株高显著高于一般品种。叶量丰富，细嫩多汁，适口性好，可消化率高，抗逆性和抗病性强。

栽培技术要点

播种前整地，清除杂草和杂物，施足基肥，一般按每公顷施用钙镁磷肥 600kg 或复合肥 150kg 作为基肥。在我国西南农区，适宜在 9 月下旬至 10 月中旬进行秋播，高海拔地区则适宜春播。以条播为宜，条播行距 30cm，播种深度约 1cm，播种量 $25g/m^2$。幼苗期需除草，并注意防治地老虎等害虫。分蘖初期或中期施用尿素 $70kg/hm^2$ 作为提苗肥，孕穗期再施用尿素 $70kg/hm^2$。抽穗期刈割品质佳，可用作青饲料；如需更高产量，可在初花期刈割，用于制作干草或青贮。

适宜推广区域

适宜于我国西南平坝丘陵地区的冬闲田种植，也可在云贵川及重庆海拔在 2 000 ～ 2 500m 地区推广种植。

9 '川西'扁穗雀麦
Bromus cartharticus Vahl. 'Chuanxi'

编　　号：2017004
品种类别：野生栽培品种
审定机构：四川省草品种审定委员会
选育单位：四川农业大学
　　　　　四川省凉山州畜牧兽医科学研究所
　　　　　四川省草原科学研究院

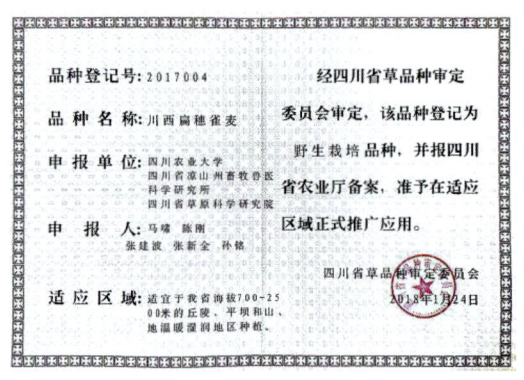

品种特征特性

禾本科一年生或短期多年生草本植物。须根系，根系发达，茎秆直立，粗壮，略扁平，中空。株高 130 ～ 170cm，丛生，具 5 ～ 7 节，茎粗 6 ～ 8mm。叶长 35 ～

45cm，叶宽 9～17mm，茎部叶鞘有较密集柔毛。圆锥花序疏松，小穗两侧极压扁，有小花 6～11 朵。结实率高，单穗种子粒数 90～200 粒，成熟种子易脱落。种子成熟时呈淡黄色，有芒，千粒重 8～10g。喜温暖湿润气候，最适生长气温 10～25℃，不耐 35℃以上高温，耐旱，不耐积水。喜肥沃黏重的土壤，也能在盐碱地及酸性土壤中良好生长。在北方多为春播，在南方春、秋均可播种。秋播者 9 月下旬播种，4 月下旬抽穗，5 月下旬种子成熟，生育期可达 230 天左右，每年可刈割 3～4 次。若生产种子，可在乳熟后期收获 2 次。

栽培技术要点

长江流域及以南地区适宜秋播期为 9 月下旬至 10 月中下旬，也可春播，春播期为 3 月下旬至 4 月中旬。可单独条播和撒播，条播为宜，播种深度 2～3cm，播种后及时镇压。条播行距 25～30cm。牧草生产时，条播播种量 45～60kg/hm^2，撒播播种量 60～90kg/hm^2。放牧利用时，应进行合理的划区轮牧，一般 20 天左右放牧一次，不可重度放牧。放牧强度应根据放牧后牧草高度来确定，留茬高度 5cm 为宜。开始放牧应在牧草孕穗期进行，结束放牧应在牧草生长发育结束前 30～40 天停止。

适宜推广区域

适宜于四川省海拔 700～2 500m 的丘陵、平坝和山地温暖湿润地区种植。

10 '凉山'扁穗雀麦
Bromus cartharticus Vahl. 'Liangshan'

编　　号：2018007
品种类别：地方品种

品种登记号：2018007

品种名称：凉山扁穗雀麦

申报单位：凉山州畜牧兽医科学研究所
四川农业大学
四川省草原科学研究院

申报人：刘晓波　陈刚　张建波
何子拉　马啸

适应区域：适宜在亚热带季风气候区温暖湿润地区种植，海拔1000-2300m为宜。

经四川省草品种审定委员会审定，该品种登记为地方　品种，并报四川省农业农村厅备案，准予在适应区域正式推广应用。

四川省草品种审定委员会
2018年12月28日

审定机构： 四川省草品种审定委员会

选育单位： 凉山州畜牧兽医科学研究所
四川农业大学
四川省草原科学研究院

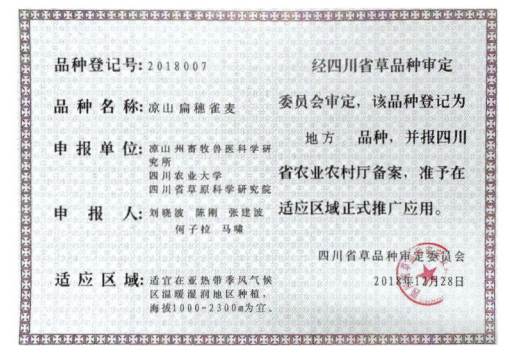

品种特征特性

禾本科一年生或越年生草本植物。根系发达，茎秆直立丛生，株高 60 ～ 110cm，茎粗 0.5 ～ 0.8cm。叶鞘闭合且被柔毛，叶舌长约 2mm，叶片长 30 ～ 45cm，宽 0.85 ～ 1.45cm，散生柔毛。圆锥花序，长 15 ～ 25cm，小穗两侧极压扁。颖果与内稃贴生，长 8 ～ 10mm，顶端具茸毛。种子千粒重 8 ～ 12g。喜温暖湿润气候，适应性强，可在海拔 2 500m 以下低温、干旱等环境下正常生长。产量高，生长快，分蘖多，同时适口性好，营养丰富，非常适合冬春季作为牛羊补饲的优质牧草或人工草地混播放牧牧草。生育期 230 ～ 265 天，生育期内可刈割鲜草 3 ～ 5 次，年鲜草产量 55 ～ 80t/hm^2，收种 2 次，干草产量 18 ～ 29t/hm^2，种子产量 1 800 ～ 2 600kg/hm^2。越冬率 96.9%。

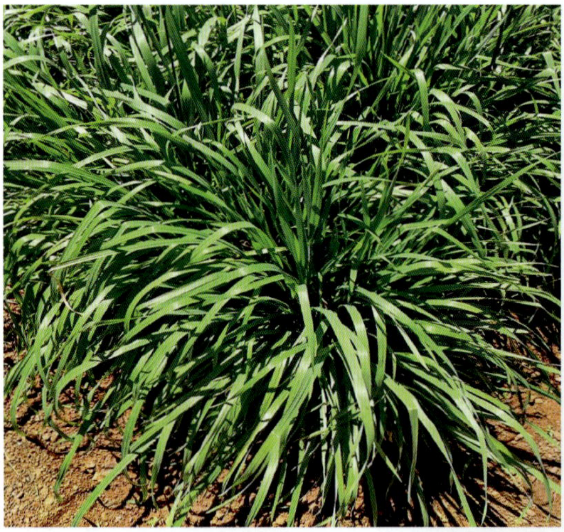

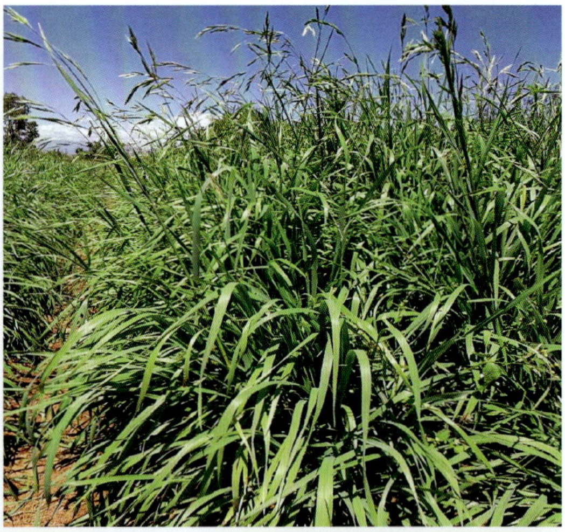

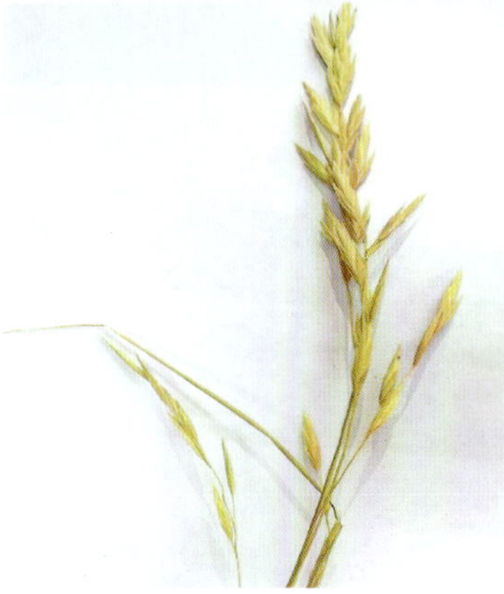

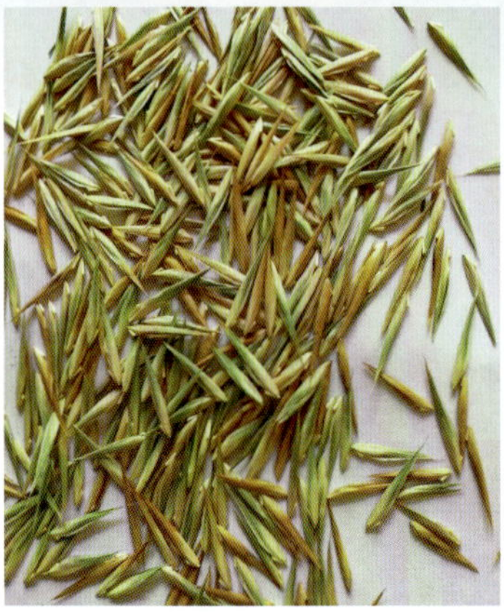

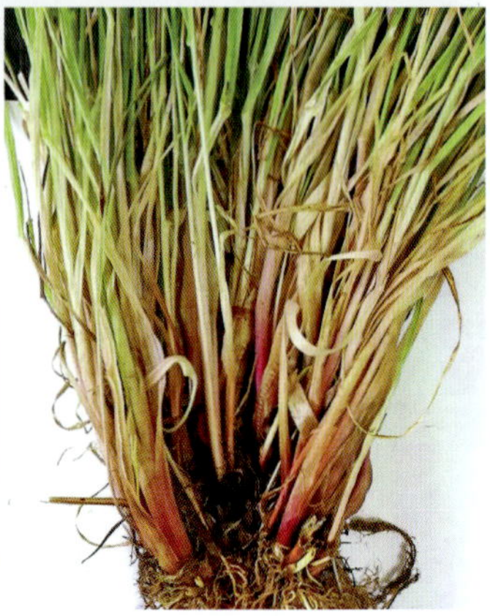

栽培技术要点

秋播或春播。秋播主要用于冬闲田利用,一般选择在秋季降雨之后进行播种,8月底至9月初播种为宜;春播为每年4—5月播种。鲜草利用可在一个生长周期内刈割达3～5次,收种利用可在当年11—12月收种1次,翌年4—5月再收种1次。条播行距30～35cm,沟深3～4cm,播后覆土1～2cm。鲜草利用时,播种量37.5～45.0kg/hm²;收种时,播种量以30kg/hm²为宜。在苗期及春季干旱季节适当浇水。苗高10cm时,可施用尿素75kg/hm²作为提苗肥。每次刈割利用后,追施尿素80kg/hm²,以促进下茬草再生。凉山地区主要以防治"黑穗病"为主,可通过实行轮作避免土壤中病菌的积累传播,或采用药剂拌种后再播种。幼苗期应及时中耕除草。秋播在当年11月,牧草高度达30～40cm时即可刈割,留茬高度5～6cm,刈割后应及时追肥。

适宜推广区域

适宜于亚热带季风气候区、温暖湿润地区种植,海拔1 000～2 300m为宜。

11 '大黑山'薏苡
Coix lacryma-jobi L.'Daheishan'

编　　号:2016003
品种类别:野生栽培品种
审定机构:四川省草品种审定委员会
选育单位:四川农业大学

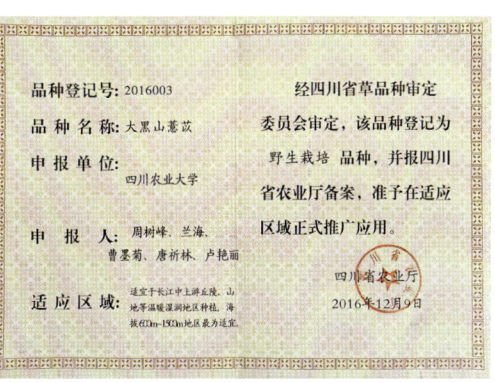

品种特征特性

禾本科一年生草本植物。短日照条件下开花。若不进行刈割,株高可达3～4m,主茎粗1.2～1.5cm,茎秆红色,附着白色蜡质层。分蘖能力强,条件适宜时,单株有效分蘖最多可达64个,每个分蘖具有15～25节。叶片披散,叶长80～105cm,宽3～6cm。种壳为黑色石质,百粒重12～16g,开花前,全株粗蛋白含量10.7%,淀粉含量13.5%,总糖含量7.7%,酸性洗涤纤维含量27.9%,中性洗涤纤维含量48.4%。供草期长,耐湿性强,耐冷性较好,南方低海拔区域可越冬再生。抗病性和抗虫性优良,无需进行病虫害防治。繁殖系数高,可通过种子、扦插和分蔸繁殖。

栽培技术要点

苗期是栽培管理重点,应确保苗齐、苗壮。可集中育苗,待幼苗长至15cm以上时移栽。后期管理较为粗放,整个生育期基本无需防治病虫害。为防治杂草,可喷施玉米专用除草剂。分蘖多,单株生物量高,栽培密度约600株/亩。肥水条件好的地块可适当降低密度，反之则增加密度。喜肥水，应施足有机肥，移栽前每穴施羊粪等有机肥 1～2kg、复合肥 0.1kg，混匀。植株长至 20cm 时进入分蘖期，可中耕施肥，穴施少量尿素或粪水。植株长至 40cm 时进入拔节期，此时生长最为旺盛，降雨前后可追施尿素 20～30kg/ 亩。可用于饲喂草食性动物，也可作为湿地高大绿植。

适宜推广区域

适宜于长江中上游丘陵、山地等温暖湿润地区种植，海拔 600～1 500m 地区最为适宜。

12 '丰牧88饲用' 薏苡
Coix lacryma-jobi L. 'Fengmu 88'

编　　号：2017011
品种类别：育成品种
审定机构：四川省草品种审定委员会
选育单位：四川农业大学
　　　　　四川省草原科学研究院

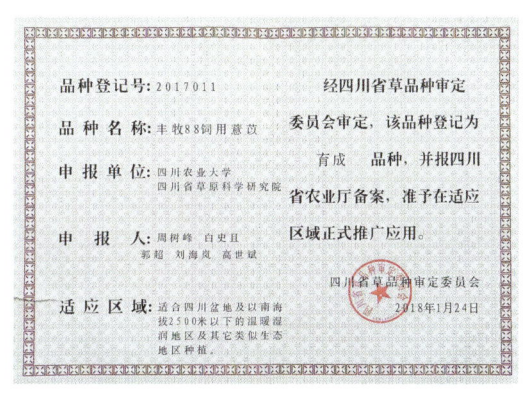

品种特征特性

禾本科一年生草本植物。短日照条件下开花。若不进行刈割，株高可达3.5~4.5m，主茎粗8~12mm，茎秆绿色，附着白色蜡质层。分蘖能力强，条件适宜时，单株有效分蘖最多可达80个，每个分蘖具有20~25节。叶片轻微披散，叶长100~115cm，叶宽2~4cm。开花前，全株粗蛋白质含量10.0%、酸性洗涤纤维含量28.7%、中性洗涤纤维含量49.7%。供草期长，耐湿性和耐旱性强，耐冷性较好，南方中、低海拔区域可越冬再生；抗病性和抗虫性优良，无需进行病虫害防治。为二倍体'大黑山'薏苡与四倍体野生薏苡杂交而成的三倍体品种，因此雌穗不结实，但雄穗正常散粉，仅可通过扦插和分蔸繁殖。种壳为黑色石质，内部无种子。

栽培技术要点

苗期是栽培管理重点，应确保苗齐、苗壮。可集中育苗，待幼苗长至15cm以上时移栽。后期管理较为粗放，整个生育期基本无需进行病虫害防治。为防治杂草，可喷

施玉米专用除草剂。一年四季均可栽培，但以 4—9 月气温回升至 15℃ 以上时较为适宜。分蘖多，单株生物量高，栽培密度约 600 株/亩。肥水条件好的地块可适当降低密度，反之则增加密度。耐瘠薄，可适当补充有机肥。植株长至 40cm 时进入拔节期，此时生长最为旺盛，降雨前后可追施尿素 20～30kg/亩。可用于饲喂草食性动物，也可作为湿地高大绿植。

适宜推广区域

适宜于四川盆地及以南海拔 2 500m 以下的温暖湿润地区及其他类似生态地区种植。

13 '川农 3 号' 狗牙根
Cynodon dactylon（L.）Persoon 'Chuannong No.3'

编　　号：2021009

品种类别：育成品种

审定机构：四川省草品种审定委员会

选育单位：四川农业大学
　　　　　成都时代创绿园艺有限公司

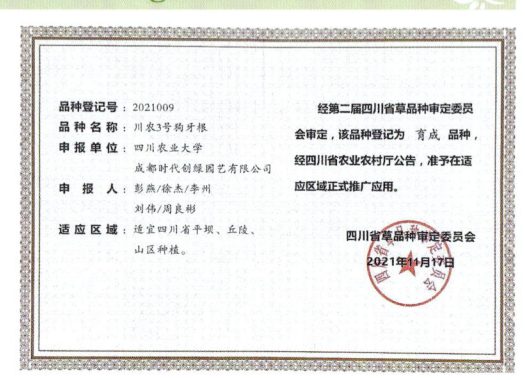

品种特征特性

禾本科多年生匍匐型草本植物。具地下根状茎，叶色蓝绿，质地细腻，叶片扁平线形。直立茎叶长2～3cm，叶宽1.7～2.2mm；匍匐茎叶长6～9mm，叶宽2.0～2.2mm，茎秆纤细，茎粗为0.8～1mm。草层低矮，自然高度2～6cm。草坪致密，分枝数6～8条/cm^2，茎绿色，匍匐茎节间短，长度为2～3cm，贴地生长，形成的草坪平整美观。草坪绿色期长，平均绿期超过290天。适应性强，抗旱耐寒，病虫害较少，不产生花序，全年修剪次数少，综合坪用价值高。

栽培技术要点

清理石块、杂物，防除杂草，精细整地，增施基肥。必要时进行土壤改良、设置排灌系统。适宜栽植期为春末夏初或夏季，在较温暖地区也可提早至仲春。无性繁殖，将营养体切成含3～4节的茎段，撒在土表，播种量150～200g/m^2，然后覆土镇压并及时浇水，保持土壤湿润直至返青成坪。成坪后，在干旱季节，每周需浇水1次。在生长旺盛季节，每1～2周修剪1次，适宜修剪高度2～3cm。全年施肥3～4周，主要包括施返青肥（尿素15～20g/m^2）1次；夏季追肥2次，分别在6月和8月施用，施尿素15～20g/m^2；秋肥1次，在最后一次剪草后施用，施复合肥（N∶P∶K=1∶1∶1），用量约100g/m^2。在各个时期及时进行杂草防除。夏、秋季为病虫害的高峰期，应有针对性地进行防治。适用于公共绿地、观赏性草坪、运动场草坪及护坡草坪的建植。

适宜推广区域

适宜于四川省平坝、丘陵、山区种植。

14 '大拿'鸭茅
Dactylis glomerata L. 'Baridana'

编　　号：2017008
品种类别：引进品种
审定机构：四川省草品种审定委员会
选育单位：四川省畜牧科学研究院
　　　　　百绿（天津）国际草业有限公司

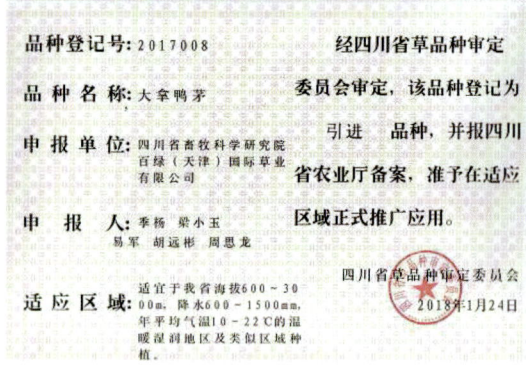

品种特征特性

禾本科多年生疏丛型草本植物。植株高大直立，株高96～122cm。须根，根系发达，茎基平坦光滑，叶量丰富，叶鞘无毛，叶片宽大，宽约7mm。圆锥花序，小穗多聚集于分枝上部，每小穗约5朵花。种子千粒重1g左右。营养价值高，粗蛋白（占干物质）含量约14.8%，茎叶比0.85，低于其他参试品种，适口性好。高水平管护条件下，年产11 000kg/hm² 干物质。耐阴、抗寒、抗锈病能力强，是优良的牧草，也适用于果园生草和生态修复。耐旱和耐热能力比大部分冷季型牧草强。晚熟，抽穗期晚，生育期约290天（秋播），可利用时期较长，且在草地上不易形成草块。再生速度快，耐刈割，年可刈割4～6次。能形成致密的草地，在放牧和频繁刈割利用中表现优异，具有分蘖多和混播融合性好等特点，建植后可利用5～8年或更长。

栽培技术要点

种子细小，需精细整地，施入15 000～37 500kg/hm² 农家肥或300～600kg/hm² 复合肥作为基肥。长江以南地区春播、秋播均可，以秋播为佳，春播以3月下旬为宜，秋播不迟于10月下旬。北方地区适宜秋播，早播为宜。条播播种量15～18.75kg/hm²，行距20～25cm；撒播播种量22.5～27kg/hm²。播种深度1～2cm，与豆科混播时一般为2∶1。幼苗前期生长缓慢，生活力较弱，需中耕除草。需肥量较大，对氮

肥敏感，苗期、分蘖期和刈割后根据土壤肥力和长势追施尿素 150～225kg/hm^2。株高 45cm 以上时进行刈割利用。

适宜推广区域

适宜于海拔 600～3 100m、年降水量 600～1 200mm、年平均气温 10～22℃的温暖湿润地区及类似生态区种植。

15 '康定'鸭茅
Dactylis glomerata L. 'Kangding'

编　　号：川 S-WDV-DG-008-2023
品种类别：野生驯化品种
审定机构：四川省草品种审定委员会
选育单位：甘孜州畜牧业科学研究所
　　　　　　四川农业大学

品种特征特性

禾本科多年生疏丛型直立草本植物。全株光滑无毛，茎基部扁平。株丛高大，花期株高 137～147cm，叶宽 11～13mm。基生叶丰富，秆叶少，叶片蓝绿色，幼叶折叠状，边缘粗糙有刺，叶茎比达 3.5。种子千粒重 0.8～0.9g。在川西高原良好水肥条件下，多次刈割干草产量最高可达 20t/hm^2，年可刈割 2～3 次。营养价值高，花期粗蛋白质含量 15.4%。返青早，生长期长，3 月中旬返青，10 月下旬进入枯黄期，生长天数达 217 天。

栽培技术要点

适宜春播，时间为 4—5 月。条播行距 ≥ 30cm、播深 ≤ 1.5cm。放牧和刈割草地播种量 15～22.5kg/hm^2，收种田 12～15kg/hm^2。在苗期及春季干旱季节适当浇水。苗期生长缓慢，需中耕除草。刈割后追施尿素 50～150kg/hm^2。抗病虫害能力较强，有时发生锈病危害，感病期内每 7～10 天施药 1 次，可选用萎锈灵、氧化萎锈灵、防线酮、粉锈宁、福美双、代森锌、百菌清、吡锈灵、叶锈敌、麦锈灵、甲基硫菌灵等药物进行防治。刈割利用时，播种当年8—9月，牧草高度达40～50cm时即可刈割；翌年抽穗期刈割，留茬高度5～8cm。种子田翌年返青后不刈割，8—9月种子腊熟期收种后，留茬5cm刈割调制干草。可用作牧草青饲或制成干草，也可与白三叶等下繁型豆科牧草混播用于放牧。

适宜推广区域

适宜于四川海拔800～3 600m、年积温1 250～4 500 ℃、年降水量400～1 600mm的地区种植。

16 '巫山'鸭茅

Dactylis glomerata L. 'Wushan'

编　　号：2018006
品种类别：野生栽培品种
审定机构：四川省草品种审定委员会
选育单位：四川农业大学
　　　　　西南大学动物科学学院

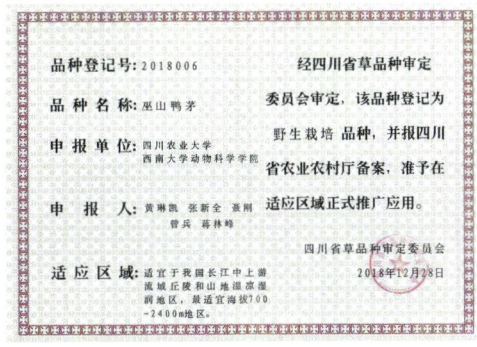

品种特征特性

禾本科多年生疏丛型草本植物，冷季型。叶片宽大，成熟植株叶长47～59cm，株高133～154cm。茎直立或基部膝曲，茎基扁平。圆锥花序开展，长16～28cm，小穗长6～11mm，每小穗有小花3～6朵，外稃顶端有短芒。种子长6～7mm，千粒重0.9～1.2g。适应性强，对土壤要求不严，耐瘠薄，不耐碱，不耐淹。喜温凉湿润气候，抗旱、抗寒、耐阴，对氮肥反应敏感。春季生长速度快，适口性好，耐刈割，再生性好，一年可刈割4～5次，理想条件下可利用5～8年或更长。

栽培技术要点

海拔800m以下地区适宜秋播，高海拔地区可春播（3—4月）。条播行距30cm，播幅3～5cm，单播用种量15～18.75kg/hm^2，与豆科牧草混播时用种量7.5～10kg/hm^2，播深1～1.5cm，盖后轻缓浇水以利发芽。分蘖拔节期及每次刈割后追施75～150kg/hm^2

速效性氮肥。苗期应注意适时中耕除草。若遇涝灾影响正常生长，应及时排涝。前期生长缓慢，后期生长迅速。以抽穗期刈割为宜，延期收割会影响牧草品质和再生能力，留茬高度5cm。可用于青饲、调制干草或青贮，也可用于人工草地建设、天然草地补播改良。

适宜推广区域

适宜于我国长江中上游流域的丘陵和山地温凉湿润地区种植，海拔700～2 400m最为适宜。

17 '康巴'短芒披碱草
Elymus breviaristatus (Keng) Keng f. 'Kangba'

编　　号：川 S-WDV-EB-005-2023
品种类别：野生驯化品种
审定机构：四川省草品种审定委员会
选育单位：四川省草原科学研究院
　　　　　西南科技大学
　　　　　四川省草原工作总站
　　　　　甘孜州畜牧业科学研究院
　　　　　西南科大四川天府新区创新研究院

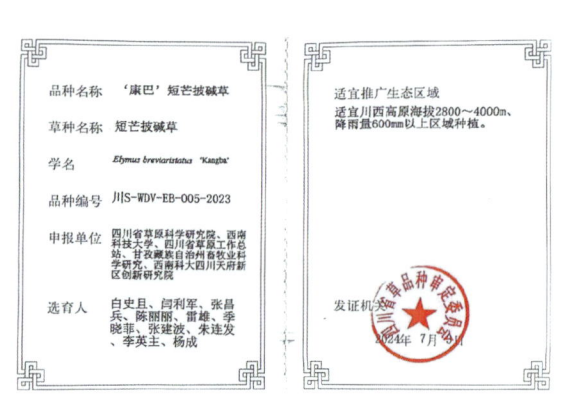

品种特征特性

禾本科多年生草本植物。全株灰绿色，茎秆直立，穗状花序紧凑且下垂，穗部肥大、灰紫色。种子成熟一致，大而饱满，千粒重约5g，结实率达85%以上。具有高种子产量和高草产量特点，叶量丰富，品质优良，种子产量平均1 724kg/hm^2，干草产量平均8 053kg/hm^2，初花期粗蛋白含量可达14.6%。在红原地区的生育期约154天，生长天数约170天。在色达海拔3 900m区域能够安全越冬，并完成生育期。

栽培技术要点

播种前耙碎土块，整平地面，并结合整地施足底肥。川西北牧区适宜春播，最佳播种期为5月中下旬至6月初。牧草生产可采用条播（行距30～40cm）或撒播，播种量22.5～30kg/hm^2。种子生产以条播为宜（行距40～60cm），播种量18～22.5kg/hm^2，播种深度1～2cm。分蘖至拔节期可酌情施速效氮肥，刈割后及时追施120～180kg/hm^{2}尿素或复合肥。种子生产以磷肥、钾肥为主，少施氮肥。一般无病虫害危害。牧草应在开花期刈割，留茬高度5～6cm，以调制青干草为主，也可青饲或放牧利用。种子成熟后易脱落，在70%～80%的种子进入蜡熟期时收获。可作为牧草和生态修复草，用于草地补播改良、退化草地治理和人工草地建植等。

适宜推广区域

适宜于川西高原海拔 2 800～4 000m、年降水量 600mm 以上的区域种植。

18 '川西'垂穗披碱草
Elymus nutans Griseb. 'Chuanxi'

编　　号：川 S-WDV-EN-004-2023
品种类别：野生驯化品种
审定机构：四川省草品种审定委员会
选育单位：四川省草原科学研究院
　　　　　四川农业大学
　　　　　西南科技大学
　　　　　四川省林业和草原发展研究中心
　　　　　甘孜藏族自治州草业技术研究
　　　　　推广中心

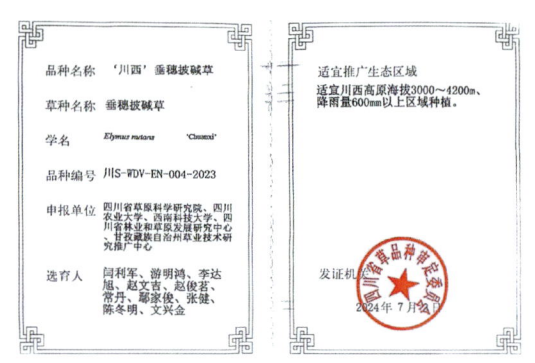

品种特征特性

禾本科多年生草本植物。全株浅灰绿色，茎秆直立，小穗浅绿色，成熟后浅灰色。种子成熟一致，大而饱满，千粒重约 4.5g，结实率达 85% 以上。生育期约 145 天，生

长天数约 165 天。具有种子高产优势，在红原、道孚等海拔 3 500m 区域种植当年即可开花结实，第二至第四年平均种子产量 1 454kg/hm²。

栽培技术要点

播种前耙碎土块，整平地面，并结合整地施足底肥。川西北牧区适宜春播，最佳播种期为 5 月中下旬至 6 月初。牧草生产可采用条播（行距 30～40cm）或撒播，播种量 22.5～30kg/hm²；种子生产以条播（行距 40～60cm）为宜，播种量 18～22.5kg/hm²，播种深度 1～2cm。分蘖至拔节期酌情施速效氮肥，刈割后及时追施 120～180kg/hm² 尿素或复合肥。种子生产以磷肥、钾肥为主，少施氮肥。一般无病虫害危害。牧草应在开花期刈割，留茬高度 5～6cm，以调制青干草为主，也可青饲或放牧利用。种子成熟后易脱落，在 70%～80% 的种子进入蜡熟期时收获。可作为牧草和生态修复草，用于草原生态修复、退化草地治理和人工草地建植等。

适宜推广区域

适宜于川西高原海拔 3 000～4 200m、年降水量 600mm 以上的区域种植。

19 '康北'垂穗披碱草
Elymus nutans Griseb. 'Kangbei'

编　　号：2016001
品种类别：野生栽培品种
审定机构：四川省草品种审定委员会
选育单位：四川农业大学
　　　　　西南民族大学
　　　　　四川省林丰园林建设工程有限公司
　　　　　甘孜州畜牧业科学研究所

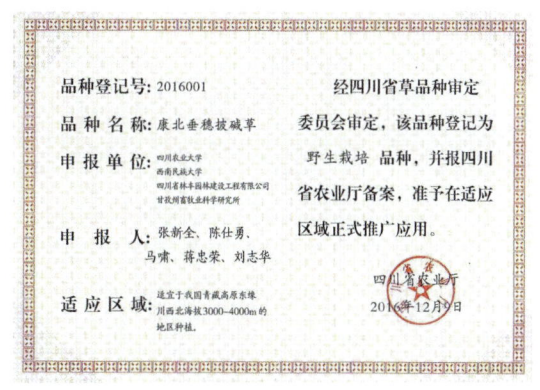

品种特征特性

禾本科多年生疏丛型草本植物。上繁草，根系发达，茎秆特别直立，基部稍有屈膝，植株粗壮高大，株高 115～40cm，叶长 6～25cm，宽 7～15mm。穗状花序较紧密且下垂，开花期略带紫色，长 16～28cm。颖果长椭圆形，深褐色，外稃延长成为芒，长 1.8～2.3mm，成熟后芒稍展开或向外反曲，种子千粒重约 4g。分蘖能力强，抗寒性强，抗病虫害；直立性强、抗倒伏。在四川甘孜道孚地区的栽培条件下，5 月上、中旬播种，两周后出苗，1 个月左右开始分蘖，播种当年部分植株能够完成生育期。翌年 3 月下旬或 4 月上旬返青，6 月下旬孕穗，7 月上旬抽穗，7 月中下旬开花，8 月中下旬种子成熟，生育期达到150～160天。

栽培技术要点

在青藏高原一般春播，最适宜播种期为4月中旬至5月中旬。可单播，也可混播，可条播亦可撒播；以条播为主，行距30cm为宜。种子用价为100%时，条播时播种量30～37.5kg/hm²，撒播时播种量37.5～45kg/hm²。牧草生产每年分蘖拔节期施75～150kg/hm²尿素和45～75kg/hm²复合肥。

适宜推广区域

适宜于我国青藏高原东缘川西北海拔3 000～4 000m地区种植。

20 '石渠'垂穗披碱草

Elymus nutans Griseb. 'Shiqu'

编　　号： 川 S-WDV-EN-007-2023
品种类别： 野生驯化品种
审定机构： 四川省草品种审定委员会
选育单位： 甘孜藏族自治州草原工作站
　　　　　　四川农业大学
　　　　　　石渠县林业和草原局
　　　　　　四川省丰楠生态科技有限责任公司

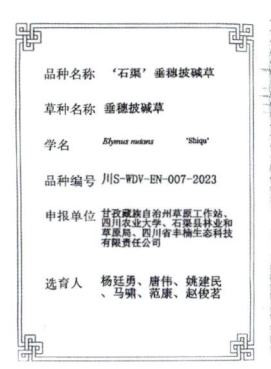
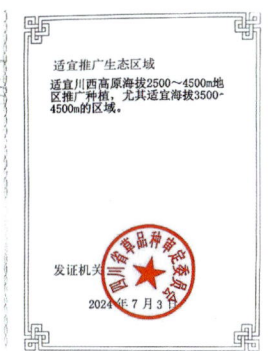

品种特征特性

禾本科多年生草本植物。疏丛型，上繁草类型。根系发达，叶量丰富，生长翌年单株分蘖可达 30～40 个。株高 70～110cm，叶长 7～10cm，叶茎比 0.4。花序长 5～8cm。种子千粒重约 4g。在川西高原海拔 4 200m 地区，8 月下旬种子能完熟且成熟期均匀一致，年平均种子产量 815kg/hm^2，生态修复效率平均 106 天。

栽培技术要点

川西高原地区一般春播，最适宜播种期为 4 月中旬至 5 月中旬。撒播、条播均可，种子用价为 100% 时，条播播种量 30～37.5kg/hm^2，行距 20～30cm，播种深度 1～2cm，撒播播种量 37.5～45kg/hm^2。适时中耕除草。一般在抽穗期收获时营养价值最高，在开花期利用能够获得较高的产量。可作为牧草和生态修复草，用于人工草地建设和天然草地补播改良。

适宜推广区域

适宜于川西高原海拔 2 500～4 500m 的地区推广种植，尤其适宜海拔 3 500～4 500m 的区域。

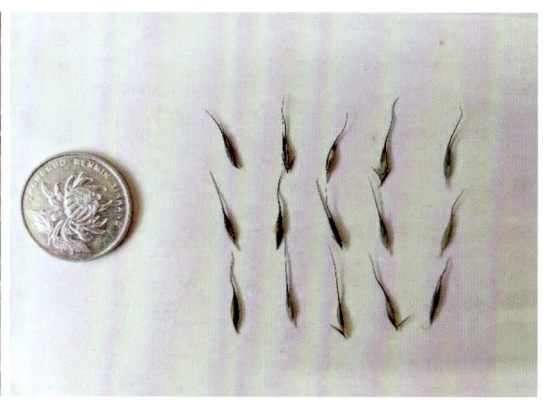

21 '麦洼'老芒麦
Elymus sibiricus L.'Maiwa'

编　　号：2016002
品种类别：野生栽培品种
审定机构：四川省草品种审定委员会
选育单位：四川省草原科学研究院

品种特征特性

禾本科多年生草本植物。株高 100～130cm，茎秆疏丛直立，基部膝曲，具 3～5 节。叶鞘光滑，叶片扁平，有时正面生短柔毛。旗叶长 9.8cm、宽 9.6mm。穗状花序松散下垂，小穗均匀排列于花序轴上，每节具 2 小穗。茎叶绿色，穗紫红色，株体无蜡质灰粉覆盖。种子千粒重约 4g。在四川红原地区，播种当年无法完成生育期；翌年 4 月中旬返青，7 月中旬开花，8 月底种子成熟。生育天数 133 天，生长天数 157 天。播种后翌年，生殖枝增多，种子产量可达 1 802kg/hm^2。

栽培技术要点

川西北高原 5—6 月中旬播种。种子生产时行距 40cm，播种量 15～22.5kg/hm^2；饲草生产时行距 30～40cm，条播或撒播，播种量 27～37.5kg/hm^2，播深 1～2cm。分蘖期追施尿素 75kg/hm^2 和复合肥 45kg/hm^2；刈割利用后追施复合肥 75～150kg/hm^2。

在高海拔地区一般无病虫害。牧草利用一般在花期至灌浆期，留茬高度5～6cm刈割。收种一般在80%种子进入蜡熟期时开始，收种后及时刈割残茬。

适宜推广区域

适宜于青藏高原东部及北方寒冷湿润地区种植，年降水量600mm以上为最适区域。

22 '民大1号' 老芒麦
Elymus sibiricus L. 'Minda No.1'

编　　号：2018008
品种类别：育成品种
审定机构：四川省草品种审定委员会
选育单位：西南民族大学

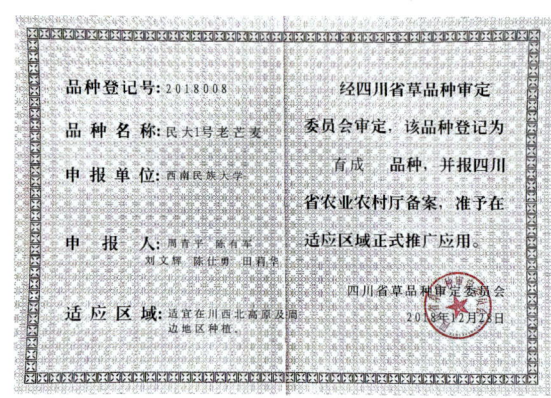

品种特征特性

禾本科多年生草本植物，疏丛型上繁草。植株绿色，茎秆疏丛型，光滑，株高85～120cm，具3～5节，下部节稍有膝曲。叶鞘无毛，短于节间；叶片扁平，长6～18cm，宽3～1mm，无毛或上面有时疏生柔毛。穗状花序疏松，下垂，长15～30cm；穗轴常含2枚小穗，小穗长18～24mm，有小花4～6朵。颖狭披针形，具1～3脉。种子黄色，长3.7～5.5mm，宽1.3～1.6mm，千粒重3～4g。地下根系发达，具有较强的抗旱性。

栽培技术要点

一般在5月下旬播种，15天后相继出苗，一个月左右开始分蘖。播种当年除少量抽穗外，基本上处于营养期。翌年4月中旬返青，5月下旬进入拔节期、6月中旬为孕穗期、6月底抽穗、7月中下旬开花、8月中下旬种子成熟。苗期生长速率缓慢，种植翌年后有效分蘖增多，抗倒伏能力强，种子产量高。播种前一年夏秋季深翻土地，有条件的地区同时施入基肥。若地块内多年生禾本科杂草较多且无法彻底根除，可选用10%草甘膦进行灭杀。翌年春季翻地、耙磨，使地面平整、土块细碎。土壤含水量较低时，播种前需对土壤镇压，以控制播种深度。播前施磷酸二铵75～100kg/hm²或农家肥（2.25～3.0）×10⁴kg/hm²作基肥。海拔3 200m以下地区适宜播种期为4月下旬至7月中旬，3 200m以上地区为5月中下旬至6月下旬。种子田条播，播种量15kg/hm²，行距30cm，过密会削弱其正常分蘖能力，降低种子产量；饲草田条播或撒播，条播行距30～35cm，播种量20～25kg/hm²。播深2～3cm。播种当年生长缓慢，应注重中耕除草。小面积采取人工除草，大面积采用阔叶类化学除草剂。翌年生长快，分蘖力极强，地下根系发达，植株高大，不易受杂草侵害。种子成熟后易脱落，要及时收种，种子宜在花后第24～26天收获，此时种子落粒率较低，淀粉含量较高，可获得较好的收益；饲草在盛花期或乳熟期刈割。单播可以建立人工割草地和放牧地，混播可以建立优质高产的人工草地，以及作为退化、沙化草地修复的生物配置种。

适宜推广区域

适宜于川西北高原及周边地区种植。

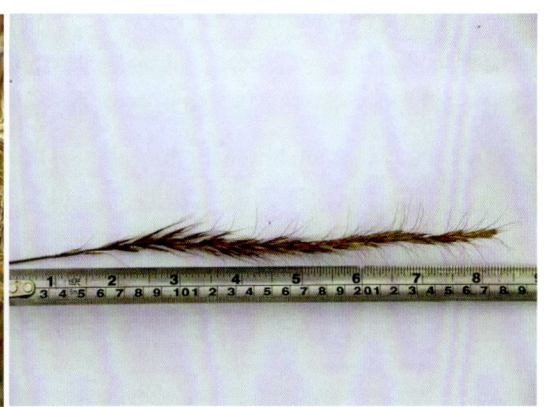

23 '雅砻江'老芒麦
Elymus sibiricus L. 'Yalongjiang'

编　　号：2016005
品种类别：野生栽培品种
审定机构：四川省草品种审定委员会
选育单位：四川农业大学
　　　　　西南民族大学
　　　　　四川省草原科学研究院
　　　　　甘孜州畜牧业科学研究所
　　　　　四川格润草业有限公司
　　　　　四川省雅江县草原工作站

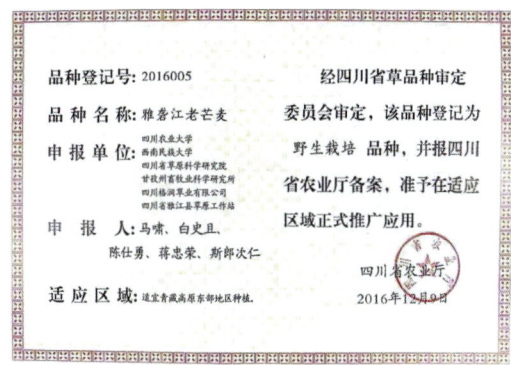

品种特征特性

禾本科多年生草本植物，疏丛型上繁草。根系发达，茎秆中上部直立，株高100～135cm，具3～4节。叶长8～25cm，宽7～15mm。穗状花序疏松下垂，长15～25cm，具32～36穗节，每节一般具2小穗。颖狭长4～6mm；颖果长约1.4cm，种子千粒重约4g。在川西北一般5月上中旬播种，当年仅有部分植株抽穗。翌年3月底返青，4月底进入分蘖期，5月下旬拔节，7月初抽穗，7月中旬进入盛花期，8月底种子成熟，生育期150～160天。叶量丰富，干草粗蛋白质含量高（9.3%）。

栽培技术要点

川西北高原最适宜播种期为4月中旬至5月中旬。播种前整地，并施复合肥 150~225kg/hm² 或腐熟的牛羊粪 15~20t/hm² 作底肥。牧草生产可条播亦可撒播，条播播种量 22.5~30kg/hm²，撒播播种量 30~37.5kg/hm²。种子生产以条播为宜，播种量 15~22.5kg/hm²，行距 40~60cm；播种深度 1~2cm。牧草生产每年分蘖至拔节期施 75~120kg/hm² 尿素和 45~75kg/hm² 复合肥；种子生产以磷肥、钾肥为主。一般无病虫害。在抽穗期或盛花期进行刈割利用，留茬高度 5cm。大部分种子进入蜡熟期时即可开始收获。

适宜推广区域

适宜于青藏高原东部地区种植。

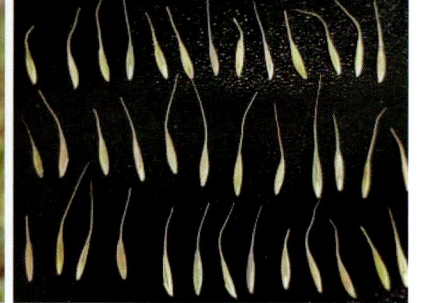

24 '武陵'假俭草
Eremochloa ophiuroides (Munro) Hack. 'Wuling'

编　　号：2016004
品种类别：野生栽培品种
审定机构：四川省草品种审定委员会
选育单位：四川省草原科学研究院
　　　　　四川农业大学
　　　　　成都雅森园林景观工程有限公司

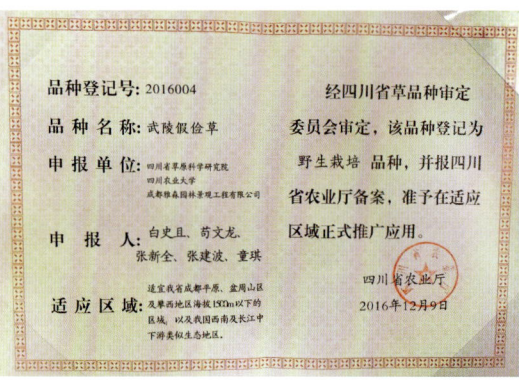

品种特征特性

禾本科多年生草本植物。植株低矮，高10～20cm，具有贴地生长的匍匐茎，总状花序。尤其喜酸性土壤，耐瘠薄，多生长于土壤瘠薄的山脚路边、沙滩等地。耐旱性强，耐寒性较强，耐阴性强，抗病性、抗虫性强。在成都地区种植，4月初栽植，3个月左右成坪。栽植当年生长较慢，处于营养生长阶段，翌年才能正常完成其生活史。返青较早，一般于3月初返青，4月初拔节，6月中下旬进入孕穗初期，8月中旬进入初花期，8月底进入盛花期，9月底进入结实期，12月中下旬进入枯黄期。整个生育期约210天，绿期290～300天。

栽培技术要点

边坡生态修复时，需清除坡面杂草、石块，并根据坡度大小和土层厚度采取翻耕（土层较厚、坡度小于25°）、回填客土（土层薄、坡度小于25°）和混凝土方格回填客土（土层薄、坡度大于25°）等措施。结合整地施50～100g/m^{2}复合肥作底肥。种茎直播时，将草茎切成含2～3节茎段，均匀撒在土表，播种量150～200g/m^2，覆土1.0～1.5cm，适度镇压。分株移栽时，对于混泥土方格回填土的边坡，采用分株栽植，行距20cm条栽；对于坡度大于25°且未采取工程措施的边坡，可采用穴植，穴距10cm。后及时用雾状喷灌浇水，成活后无需特殊管理。

绿地建植时，需用灭生性除草剂除杂，翻耕地后进行平整并施 50～100g/m² 复合肥。无性繁殖方式为主，点栽、条栽或种茎直播。穴距约 10cm，行距约 20cm。栽植后浇透水或将草茎切成含 2～3 节茎段，均匀撒在土表，播种量 150～200g/m²，覆土 1.0～1.5cm，用滚压器滚压 1 遍后浇透水。盖度达 70%～80% 时可修剪，留茬 2～3cm，之后遵循"1/3 原则"进行修剪。春季施尿素 1 次，夏季施尿素 2 次，每次施肥量 10～15g/m²；秋季施复合肥 1 次（100～150g/m²）。人工防除杂草。

适宜推广区域

适宜于四川省成都平原、盆周山区及攀西地区海拔 1 500m 以下以及我国西南和长江中下游类似生态地区种植。

25 '萨沃瑞'苇状羊茅
Festuca arundinacea Schreb. 'Savory'

编　　号：2016011
品种类别：引进品种
审定机构：四川省草品种审定委员会
选育单位：凉山彝族自治州畜牧兽医科学研究所
　　　　　四川省金钟燎原种业科技有限责任公司
　　　　　四川农业大学
　　　　　四川省林丰园林建设工程有限公司

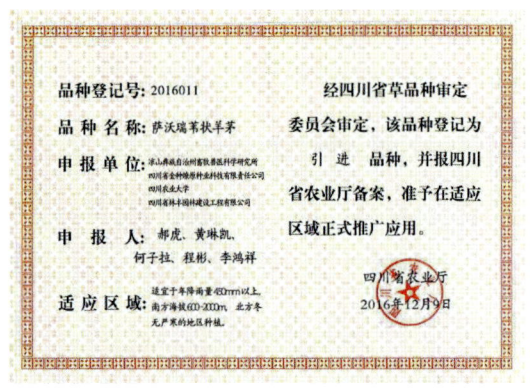

品种特征特性

禾本科多年生疏丛冷季型草本植物。建植快，根深且发达，平均分蘖 50～70 个，株高 80～150cm，直立。叶量大，叶片长 30～50cm，中脉不明显，叶片正面密布纵纹。圆锥花序稍开展，长 20～30cm，每小穗有小花 4～5 朵。种子长 6～7mm，外稃具短芒，千粒重约 2.5g。生育期 297 天（秋播）。耐热、抗寒和耐旱能力都较强，持久性好，一般可利用 3～5 年。夏季高温季节，当其他多数牧草生长受抑制时，它仍能正常生长。具有较好的耐湿、耐酸和耐盐碱能力，能在土壤 pH 值 4.7～9.5 的范围内生长，最适合肥沃、潮湿的土壤，也能适应较黏重的土壤。

栽培技术要点

播前精细整地，并清除杂草。可春播或秋播，条播行距 15～30cm，播深 2～

3cm，播种量 15～25kg/hm²，混播播种量 5～10kg/hm²。苗期需结合中耕松土及时清除杂草。每 2～3 次刈割或放牧后，可施氮肥并灌水。抽穗初期适合刈割，留茬高度 5～8cm。可适应中等到中等偏高的利用强度。

适宜推广区域

适宜于年降水量 450mm 以上、南方海拔 600～2 000m、北方冬季无严寒的地区种植。

26 '柯鲁柯'中华羊茅
Festuca sinensis Keng ex E. B. Alexeev 'Keluke'

编　　号：2017009
品种类别：野生栽培品种
审定机构：四川省草品种审定委员会
选育单位：西南民族大学

品种特征特性

禾本科多年生草本植物，中早熟品种。植株浅绿色，基生叶发达，平均株高55～80cm，茎秆粗壮，直径5.3～6.2mm。单株分蘖数多，具有一定的抗倒伏能力。圆锥花序展开，花序长13～22cm，小穗长10～15mm。外稃长圆状披针形，具5脉，通常顶端生长0.8～2.0mm的短芒，内稃狭长圆形。种子千粒重约1g。耐贫瘠、耐寒、耐旱，根系发达，旱作产量高、品质优良。

栽培技术要点

选择土壤肥力适中、土层深厚的地块种植。种子生产需灭除杂草，仅作牧草生产可采用选择性除草剂除去田间阔叶杂草。结合整地，施入有机肥15 000～20 000kg/hm²或复合肥150～225kg/hm²作底肥。寒温带地区适宜于5月至6月中旬播种。种子生产以条播为宜，行距30～35cm，种子用价为100%时，播种量15～22.5kg/hm²；饲

草生产既可条播也可撒播，行距 25～30cm，条播播种量 22.5～30kg/hm^2，撒播播种量 30～37.5kg/hm^2；播种深度 1～2cm。播种当年需及时防除阔叶杂草的危害。饲草生产每年在分蘖拔节期施 75～120kg/hm^2 尿素和 45～75kg/hm^2 复合肥；种子生产以磷肥、钾肥为主，少施氮肥；春季施总量的 1/3，秋季施总量的 2/3。一般在花期进行刈割利用，留茬高度 5～6cm。大部分种子进入蜡熟期时即可开始收获种子。可与多年生、一年生牧草混播作为人工放牧草地利用，适宜刈割和放牧；也可以与其他牧草混播，作为天然退化草地、荒漠化草地治理中的生态型牧草加以利用。

适宜推广区域

适宜于四川省川西北地区及类似气候的青藏高原地区种植。

27 '南黑1号'多花黑麦草
Lolium multiflorum Lamk. 'Nanhei No.1'

编　　号：2016009
品种类别：育成品种
审定机构：四川省草品种审定委员会
选育单位：四川省农业科学院蚕业研究所
　　　　　四川省农业科学院牧业研究中心

品种特征特性

禾本科一年生草本植物。须根发达，入土深度 15～20cm。株高 170～195cm，分蘖多，茎秆粗壮，直径 5～7mm，圆形。叶色浓绿，叶片宽大，长 46～59cm，宽 16～22mm；叶鞘草质，包被茎秆较紧，长 16～18cm；叶舌膜质，较小。穗状花序，长 38～49cm，宽 13～21mm；单序小穗数 35～43 个，小穗长 23～32mm，宽 4～6mm；单穗小花数 14～19 朵，芒长 4～7mm。种子千粒重 2～4g。

栽培技术要点

坡地、荒地、耕田均可种植，但在排水良好的壤土上更能获得较高产量。播前宜精细整地，清除杂草，施基肥，基肥应以有机肥为主。在长江中上游地区一般秋播为宜（9月中下旬至10月中旬）。条播为主，也可撒播；条播行距 30～40cm，播种深度 4～6cm。收草田播种量 22.5～30kg/hm^2，收种田宜稀植，播种量 11.25～15kg/hm^2。苗期及时除草并注意防除地下害虫。拔节期间施速效氮肥，每次刈割后追施尿素 75～105kg/hm^2。对水分比较敏感，遇涝时应及时排水，干旱时及时浇水以保证产量。主要为鲜饲利用，第一次刈割为高度 40cm，再生草在高度 50cm 时刈割。刈割时留茬高度 5～8cm，以利再生。

适宜推广区域

适宜于长江中上游丘陵、山地等温暖湿润地区种植，海拔 600～1 500m 地区最为适宜。

28 '纳瓦拉'多年生黑麦草
Lolium perenne L. 'Navarra'

编　　号：2016010

品种类别：引进品种

审定机构：四川省草品种审定委员会

选育单位：四川农业大学

　　　　　凉山州畜牧兽医科学研究所

　　　　　四川省林丰园林建设工程有限公司

　　　　　四川省金钟燎原种业科技有限责任公司

省审草品种（56个）

品种特征特性

禾本科多年生草本植物，中晚熟型品种。产量高，季节持续性好，适口性好，消化率高，耐寒性能出色，密度和盖度明显优于其他品种，对雪腐病、叶斑病和锈病等病害抗性好，因此种植后产量持久性好。生育期277天（秋播），每年可割草4～6次，再生快，在温凉湿润气候地区可利用3～5年。

栽培技术要点

播种前喷施除草剂，一周后深翻土地，翻耕深度不小于20cm，并精细整地。在降水量过多的地区，应根据降水量开设适宜大小的排水沟，便于雨后排水。9—11月播种。条播行距20～30cm，播深1～2cm。播种量15～22.5kg/hm^2，与三叶草等混播时播种量酌减约30%。当幼苗长到2～3cm时进行查苗，若有缺苗20%以上的斑块，应及时补播。苗期可使用内吸传导型苗后除草剂20%氯氟吡氧乙酸兑水喷雾，防治阔叶杂草。每2～3次刈割或放牧后可施氮肥75～150kg/hm^2，或沼液15 000～25 000kg/hm^2。严防蚜虫、草地螟等为害，可选用氯氰菊酯、啶虫脒等杀虫剂喷杀，也可通过适时刈割来防治。抽穗前到抽穗期割草，留茬高度5cm，适当控制放牧强度以维持持久性。

适宜推广区域

适宜于四川省亚热带海拔1 000～2 800m、年降水量800～1 500mm、年平均气温小于14℃的温凉湿润山区种植。

29 '川育1号' 象草
Pennisetum purpureum Schumach. 'Chuanyu No.1'

编　　号：川 S-BV-PP-003-2023
品种类别：育成品种
审定机构：四川省草品种审定委员会
申报单位：四川农业大学
　　　　　四川省畜牧科学研究院
　　　　　四川省草业技术研究推广中心

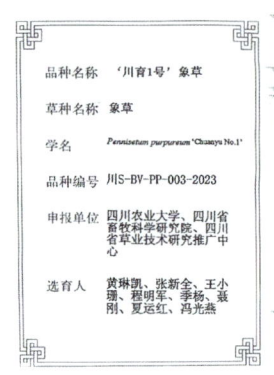

品种特征特性

禾本科多年生草本植物。植株高大，茎秆直立，株高 3～4m，最高可达 5m 以上。多分蘖，单株可达 50 个以上。叶鞘具毛，叶长 80～110cm、叶宽 4～5cm。圆锥花序呈黄色，长 15～30cm、直径 1～3cm。崇州地区越冬率 95.4%。种子成熟时易脱落。年鲜草产量 180t/hm²，粗蛋白质含量 7.8%。

栽培技术要点

以 4—9 月种植最佳，在日均气温达到 15℃时即可种植。以土层深厚、肥沃度适

中、水分充足、排灌方便的土壤为宜。深耕土地，每亩施复合肥30～50kg作基肥。常采用无性繁殖方式，利用种茎栽培。行距80～100cm，选粗壮、无病、无损伤的成熟种茎切成每段带2个节，将种茎与地面成45°斜放于行壁上，覆薄土，种茎顶端外露2～4cm，种后保持土壤湿润。苗期要及时除草。极少发生病虫害，若发现钻心虫、青虫或蚜虫，可用乐果或吡虫啉喷洒防治。株高在150cm以上时即可开始刈割，留茬高度6～10cm。以鲜嫩时刈割为宜，过迟刈割，会导致茎秆粗硬，品质下降，适口性降低。

适宜推广区域

适宜于四川盆地丘陵及平原区种植。

30 '阿坝'虉草
Phalaris arundinacea L. 'Aba'

编　　号：川S-WDV-PA-006-2023
品种类别：野生驯化品种
审定机构：四川省草品种审定委员会
选育单位：四川省草原科学研究院
　　　　　甘孜州畜牧业科学研究所
　　　　　成都农业科技职业学院

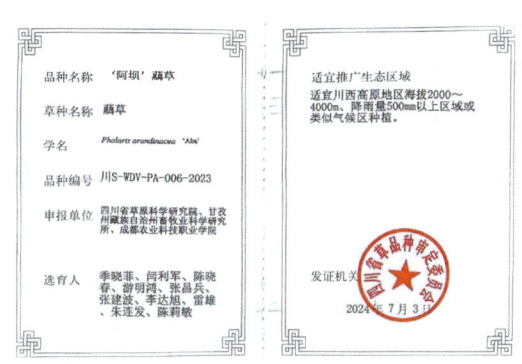

品种特征特性

禾本科多年生草本植物，上繁草类型。植株高大，平均株高可达188.4cm，茎粗5.3～6.1mm，分蘖多，单株移栽第2、第3、第4年，分蘖数分别可达120个、214个和336个；根状茎发达，扩展性强，生态修复效率高，在红原单株移栽第3、第4年，扩展直径65～90cm，生态修复周期308天。种子千粒重1.0g。年均鲜草产量46 532kg/hm^2，年均干草产量13 938kg/hm^2。在川西高原高海拔地区越冬率97%以上。生育天数121～125天，生长天数177～192天，晚熟。

栽培技术要点

种子繁殖：土地翻耕前，清除地面杂物。精细整地，根据土壤肥力状况可施农家肥18 000～22 500kg/hm^{2}或复合肥（N∶P∶K=15∶15∶15）225～300kg/hm^{2}作基肥，再用旋耕机把土块耙细、旋平。4月下旬至6月上旬播种，最适宜播期为5月。条播或撒播，条播行距40～60cm，播种量10.5～15kg/hm^2，撒播播种量15～18kg/hm^2。播后覆土约1cm。苗期生长缓慢，容易受杂草危害，在毒杂草严重区域，待三叶期后，单播人工草地选择晴朗天气喷洒阔叶除草剂防治地面毒杂草。播种当年可不追肥或追少量复合肥,翌年分蘖至拔节期追施氮肥150～225kg/hm²;秋季刈割收获后追施复合肥(N:P:K= 15:15:15)150～225kg/hm²。无病害,偶有黏虫为害,当叶片出现虫害症状,采取刈割或喷洒杀虫剂进行防治,喷杀虫剂宜在黏虫3～5龄期进行。

无性繁殖:在种苗移栽前1周左右,将种苗进行刈割处理,留茬高度15～30cm。刈割2天后,将种苗地浇水湿透,便于挖苗。待种苗地干至踩踏上无水浸出时,可进行人工挖苗。将挖出土的种苗分箍,剪切含有2～3个芽点的根状茎。移栽宜在每年5月上旬至6月中旬进行,种苗可存放1周左右。移栽时对种苗进行清理,去除杂草和已死亡的种苗,以保障移栽的成活率。穴播,按株行距30～60cm的密度移栽。在苗期及时除草,群落建植后,杂草自然减少。分蘖至拔节期追施氮肥150～225kg/hm²,刈割或放牧后,补施氮肥或复合肥150kg/hm²。

可作牧草、生态修复草，用于退化湿地、退化草地生态修复、高产人工草地建植。

适宜推广区域

适宜于川西高原地区海拔2 000～4 000m、年降水量500mm以上区域或类似气候区种植。

31 '梁草1号'高粱
Sorghum bicolor (L.) Moench 'Liangcao No.1'

编　　号：2021007
品种类别：育成品种
审定机构：四川省草品种审定委员会
选育单位：四川农业大学
　　　　　贵州省草地技术试验推广站

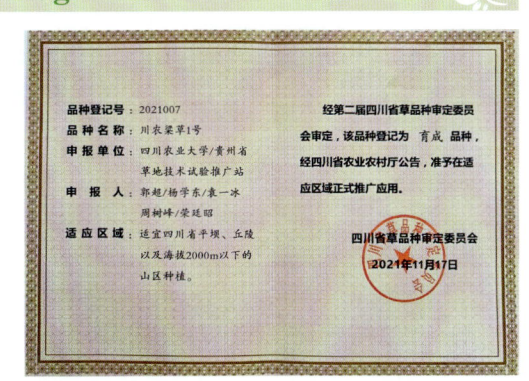

品种特征特性

禾本科一年生草本植物。具有根状茎，除冬季外，其他季节均有根状茎破土而出，可在不低于-15℃的热带、亚热带和部分温带地区越冬，供草期长，耐旱、耐盐碱、耐瘠薄。抽穗期约140天，抽穗时株高4～5m，株型直立，较紧凑，平均分蘖11个。平均18个节和叶，叶长约119cm，叶宽约8cm，叶色浓绿，持绿期长。叶鞘和茎秆具白色蜡粉。干物质含量28%，可溶性碳水化合物含量18.3%，粗蛋白质含量8.6%，中性洗涤纤维含量65%，酸性洗涤纤维含量38%，体外干物质消化率58.4%。花序松散，为高粱与拟高粱远缘杂交而成的杂交种，因此雌蕊结实率低，雄蕊可正常散粉，具有典型的远缘杂种生殖隔离现象，可依靠扦插、分蔸或腋芽组织培养繁殖。

栽培技术要点

苗期是栽培管理重点，应保证苗齐、苗壮，后期管理较为粗放，整个生育期基本不需防治病虫害，杂草防治可喷施高粱专用除草剂。栽培密度约800株/亩，肥水条件不好时可适当增加密度，反之可降低密度。可集中扦插育苗，待幼苗长至15cm以上时移栽。较耐瘠薄，可在拔节期时施尿素10～15kg/亩。第一次刈割不宜过早，植株长至2.5m后方可刈割，一般在7月中旬，不用留茬，根状茎可继续发出。第二次刈割一般在9月中旬，积温足够仍可长至2.5m再刈割。进入10月，可让其自由生长，需要时刈割。可用于饲喂草食性动物，也可作为生态修复植被。

适宜推广区域

适宜于四川省平坝、丘陵以及海拔2 000m以下的山区种植。

32 '川饲2号'高粱
Sorghum bicolor (L.) Moench 'Chuansi 2'

编　　号：川 S-BV-SB-004-2024
品种类别：育成品种
审定机构：四川省草品种审定委员会
选育单位：四川省农业科学院农业资源与环境研究所

宜宾市农业科学院
巴中市农林科学研究院
达州市饲草饲料工作站

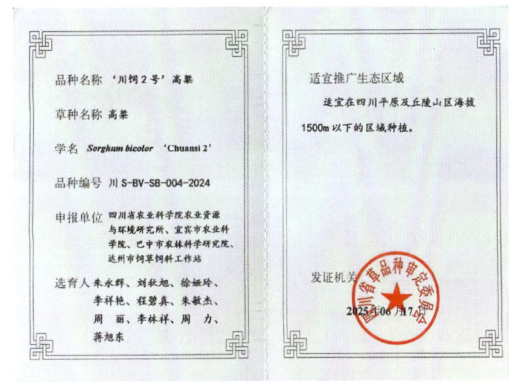

品种特征特性

禾本科一年生草本植物。茎秆粗壮直立，株高可达370cm，平均分蘖数8个。叶片宽大，长条形。圆锥花序，直立散穗型，穗长32cm。颖果两面平凸，棕褐色，千粒重32g。在四川生育期为145～155天。全年可刈割2～3次，鲜草产量8 000kg/亩，干草产量1 700kg/亩。孕穗期粗蛋白含量9.0%、酸性洗涤纤维含量29.5%、中性洗涤纤维含量60.7%。

栽培技术要点

春、夏播皆可，最佳4月中旬播种，播前施用农家肥1 500kg/亩和过磷酸钙20kg/亩做底肥。条播播种量2kg/亩，行距40～50cm；撒播播种量2.5kg/亩；播后覆土1～2cm。苗期中耕除草1～2次。拔节期追施尿素15kg/亩。株高150～200cm或孕穗期刈割利用，留茬8～12cm，刈割后施用尿素15kg/亩，每次刈割留茬高度比上一次高1～2cm。

适宜推广区域

适宜于四川平原及丘陵山区海拔1 500m以下区域种植。

33 '牧绿2号'高丹草
Sorghum bicolor × S. sudanense 'Mulv 2'

编　　号：川 S-BV-SB-001-2024
品种类别：育成品种
审定机构：四川省草品种审定委员会
申报单位：四川省农业科学院农业资源与
　　　　　环境研究所
　　　　　四川省林业和草原发展研究中心
　　　　　达州市农业科学研究院
　　　　　宣汉县饲草饲料工作站
　　　　　洪雅县农业农村局

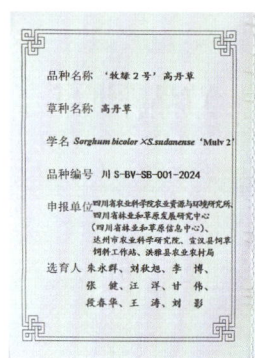

品种特征特性

禾本科一年生草本植物。株型紧凑，茎秆直立，株高可达 320cm，平均分蘖数 9 个。叶片长条形。圆锥花序，直立散穗型，穗长 41cm。颖果两面平凸，棕红色，千粒重 26g。全年可刈割 3～4 次，鲜草产量约 9 000kg/亩，干草产量约 2 100kg/亩。生育期 135～145 天。孕穗期粗蛋白含量 10.3%、酸性洗涤纤维含量 27.7%、中性洗涤纤维含量 51.7%。

栽培技术要点

春、夏播皆可。春播 4 月上旬播种，播前施用农家肥 1 500kg/亩和过磷酸钙 20kg/亩

做底肥。条播播种量 2.2kg/ 亩，行距 30～40cm；撒播播种量 2.5kg/ 亩；播后覆土 1～2cm。苗期中耕除草 1～2 次。拔节期追施尿素 15kg/ 亩。可在株高 150cm 或孕穗期刈割用于青贮。刈割利用留茬 8～12cm，每次刈割留茬高度比上一次高 1～2cm，刈割后施用尿素 15kg/ 亩。放牧利用时，在株高 70cm 以上开始放牧，20 天左右轮牧。

适宜推广区域

适宜于四川平原、丘陵山区海拔 1 500m 以下区域种植。

34 '蜀草 2 号'高丹草
Sorghum bicolor×S .sudanense 'Shucao No.2'

编　　号：2017006
品种类别：育成品种
审定机构：四川省草品种审定委员会
选育单位：四川省农业科学院土壤肥料研究所
　　　　　四川省农业科学院水稻高粱研究所

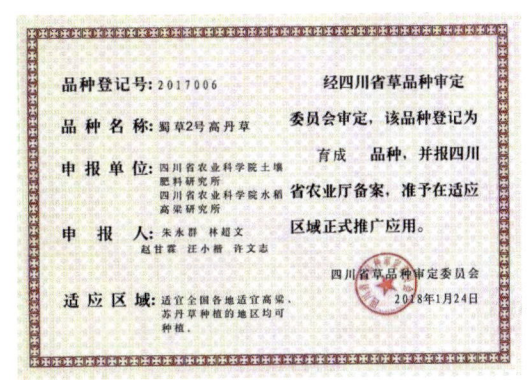

品种特征特性

禾本科一年生草本植物。在四川地区生育期 125 天。芽鞘、幼苗绿色，叶量丰富，叶片宽大，腊脉，茎秆较粗壮，多汁，株型紧凑，可多次刈割，再生能力强，分蘖性强。拔节前期生长较慢，抽穗初期或株高约 150cm 时刈割，产量、品质达最佳状态。成熟时株高 3m，穗纺锤形，中散型穗型，穗长 29cm。在春播条件下，营养生长时间明显增长，抽穗期偏晚。抗旱性强，适应性广，抗叶锈病、耐热性好、抗倒伏能力强，适口性好，饲用品质优良。

栽培技术要点

最佳播种时间 3 月上旬至 4 月中旬。施用农家肥 22 500kg/hm^2 和过磷酸钙 300kg/hm^2 作为基肥。条播或撒播，播种量 30kg/hm^2，覆土 1～2cm。苗期生长缓慢，及时中耕除草。拔节期追施尿素 75kg/hm^2 作为提苗肥，每次刈割后施尿素 75kg/hm^2。适时适量灌溉，每次灌溉定额为 2 250～2 700m^3/hm^2，一般在苗期和拔节期进行。在干旱少雨、气温较高的地区早春注意防治条螟，可用 50% 杀螟硫磷乳油 500～800 倍液喷施叶面。锈病可用 80% 代森锌可湿性粉剂 400～600 倍液喷施叶面。适宜青饲、青贮。

适宜推广区域

适宜于全国各地高粱、苏丹草种植地区种植。

35 '蜀草3号'高粱-苏丹草杂交种
Sorghum bicolor×S.sudanense 'Shucao No.3'

编　　号：2021005
品种类别：育成品种
审定机构：四川省草品种审定委员会
选育单位：四川省农业科学院农业资源
　　　　　与环境研究所

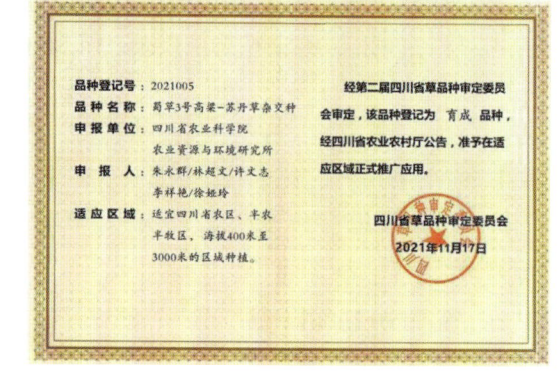

品种特征特性

禾本科一年生草本植物。在四川地区生育期120～128天。芽鞘、幼苗绿色，叶量丰富，叶片宽大，腊脉，茎秆较粗壮，多汁，株型紧凑，可多次刈割，再生能力强，分蘖性强。拔节前期生长较慢，抽穗初期或株高约150cm时刈割，产量、品质达最佳状态。成熟时株高3.25m，穗纺锤形，中散型穗型，穗长29cm。在春播条件下，营养生长时间明显增长，抽穗期偏晚。抗叶锈病、耐热性好、抗倒伏能力强。

栽培技术要点

春、夏播皆可，最佳播种时间为3月上旬至4月中旬，播种量30kg/hm²。播种时施用农家肥22 500kg/hm²和过磷酸钙300kg/hm²，条播或撒播，覆土1～2cm。鲜饲一般株高1.50m或孕穗期刈割，留茬高度8～12cm，每隔25～30天左右刈割1次，每次刈割留茬比上次高1～2cm；也可以作青贮，一般在株高达到2m或者抽穗初期刈割。也可以建植高产型草地，用于放牧利用，待植株株高长到70cm以后，开始放牧，约20天轮牧1次。牛、羊、兔、鸡等畜禽以及草鱼、鳊鱼等草食鱼类均喜食。

适宜推广区域

适宜于四川省农区、半农半牧区，海拔 400～3 000m 区域种植。

36 '川农1号饲草麦' 小麦
Triticum aestivum L. 'Chuannong No.1'

编　　号：2021003
品种类别：育成品种
审定机构：四川省草品种审定委员会
选育单位：四川农业大学

品种特征特性

禾本科春性一年生草本植物。株高约 128cm，根系发达。幼苗半直立，叶绿色，分蘖力中等；旗叶长、宽中等。穗长方形，小穗着生密度中等，小穗数约 20 个；直芒，黄壳，护颖茸毛少。种子长圆形，籽粒红色、角质，千粒重约 48g。成熟籽粒蛋白质含量 16.5%，含 1Ax1.2、1Bx7+1By8、1Dx5+1Dy10 高分子量谷蛋白亚基（HMW-GS）。自花授粉，种子繁殖。全生育期 180～200 天。适应性广，能在平坝、丘陵、山区秋冬播，也可在中低海拔的高原春夏播，播期弹性大。田间抗旱、耐寒力强，抗病、抗虫性好。产量高，亩产鲜草约 4 000kg，籽粒 300～350kg。茎叶鲜嫩多汁，适口性好，牲畜喜食。

栽培技术要点

四川平坝、丘陵、山区一般在 10 月下旬（霜降）至 11 月上旬（立冬）播种。川西等高原地区正常春、夏播，一般为 3 月中下旬至 5 月中下旬。条播为宜，行距 20～30cm；适宜播量 11～15kg/亩，每亩基本苗约 14 万；播深 3cm，播后覆土。田间施肥以氮肥为主，配合增施磷、钾肥，施肥量为每亩播前底施纯氮 8～10kg，磷肥 8～10kg，钾肥 5kg。分蘖、拔节、孕穗期如遇干旱，需及时灌溉，生育期遇涝要及时排湿。弱苗田要及时追肥促长，旺苗田要蹲苗防倒。三叶期至拔节期，喷施阔世玛等防治杂草。拔节期至抽穗期喷施乐果防治蚜虫，喷施粉锈灵防治病害。鲜饲草收割期以灌浆中后期，籽粒处于乳熟后期至蜡熟前期为宜。籽粒收获宜在籽粒完熟期及时收种，防止过于干透而断穗损失籽实数量或繁种数量，同时避免绵雨天导致穗发芽，影响繁殖种子的质量。

适宜推广区域

适宜于四川省平坝、丘陵、山区及气候条件类似地区秋冬季、中低海拔的高原春夏季种植。

37 '绵饲麦1号' 小麦
Triticum aestivum L. 'Miansimai No.1'

编　　号：川 S-BV-TA-003-2024
品种类别：育成品种
审定机构：四川省草品种审定委员会
申报单位：绵阳市农业科学研究院

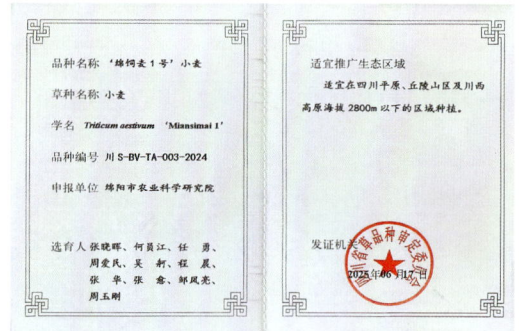

品种特征特性

禾本科一年生草本植物。茎秆直立粗壮，抽穗期株高平均120cm，茎粗约1.0cm。叶片宽大，叶长约40cm、叶宽约3cm。穗长15cm左右。籽粒白色、长圆形、籽粒饱满，千粒重44g。乳熟期一次刈割利用鲜草产量3 400～4 800kg/亩，干草产量1 000～1 300kg/亩。生育期185～205天。乳熟期粗蛋白含量11.2%、酸性洗涤纤维含量27.9%、中性洗涤纤维含量48.5%。

栽培技术要点

春播3—4月，秋播9—10月下旬。条播为宜，行距25～30cm，播深2～3cm，播种量15kg/亩。播前施氮肥7～8kg/亩作底肥，苗期中耕除草1～2次，拔节期追施氮肥 5～6kg/亩，整个生长期需做好病虫害防治。青饲利用时，株高 50cm 可刈割收获鲜草，9 月播种至翌年 1 月期间可刈割 2 次，留茬 5～10cm，刈割后及时进行水肥管理；青贮利用宜在 4 月下旬灌浆中后期至乳熟期全株刈割。

适宜推广区域

适宜于四川平原、丘陵山区及川西高原海拔 2 800m 以下区域种植。

38 '滇东'光叶紫花苕
Vicia villosa Roth var. *glabrescens* 'Diandong'

编　　号：川 S-WDV-VV-006-2024
品种类别：野生驯化品种
审定机构：四川省草品种审定委员会
选育单位：四川省草原科学研究院
　　　　　罗平县丰茂农副产品经营部
　　　　　四川省草原工作总站
　　　　　罗平县林业和草原局
　　　　　贵州大学

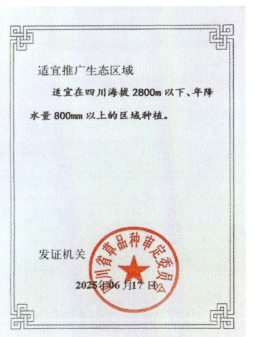

品种特征特性

豆科一年生或越年生草本植物。株高约3m。主根粗壮，根系入土深度1～1.5m。主茎不明显，有2～6个分枝节，一级分枝5～20个，匍匐蔓生。偶数羽状复叶，有卷须，具小叶8～20枚，短圆形或披针形，长1～3cm，宽0.4～0.8cm，叶色为绿色。总状花序，花冠为紫色或淡紫色。荚果矩圆形，每荚含种子2～6粒，种子圆形、黑色，千粒重24～32g。异花授粉。种子产量65～85kg/亩。花期干草产量为760～830kg/亩，比原始群体增产10.76%左右。适宜生长温度为15～25℃，能抵抗-10℃低温。适宜疏松肥沃、排水良好的砂质壤土或壤土，忌黏重土和易涝地。生育期约220天。茎叶比为1∶1.4（原始群体茎叶比1∶1.3）。现蕾期粗蛋白含量30.2%（比原始群体高9.5%），粗脂肪含量3.7%、酸性洗涤纤维含量25.0%、中性洗涤纤维含量33.6%、粗灰分含量12.0%、钙含量1.03%、磷含量0.40%、钾2.88%。

栽培技术要点

秋播9月下旬至10月中旬，也可春播，播前结合整地施用钙镁磷肥40kg/亩或复合肥10kg/亩。条播为宜，行距30cm，播种量4～5kg/亩，播种深度1～2cm。苗期中耕除草1～2次，雨水较多时应及时开沟排水。生长期做好病虫害监测和防治，蚜虫在整个生长期均会发生，蓟马、豆荚螟一般在花荚期发生；病害以叶斑病为常见，可用25%多菌灵（1∶250）喷洒。盛花期全株刈割利用，可青饲、制作青贮或干草。适宜冬闲田种植，可与水稻玉米等轮作。

适宜推广区域

适宜于四川海拔2 800m以下、年降水量800mm以上区域种植。

39 '玉草5号饲用' 饲用玉米
（*Zea mays* × *Tripsacum dactyloides*）× *Z. perennis* 'Yucao No.5'

编　　号：2016007
品种类别：育成品种

审定机构： 四川省草品种审定委员会
选育单位： 四川农业大学玉米研究所

品种登记号：2016007
品种名称：玉草5号饲用玉米
申报单位：四川农业大学玉米研究所
申报人：唐祈林、卢艳丽、周树峰、吴元奇、李华雄
适应区域：适宜在我国西南以及其它南方地区种植。

经四川省草品种审定委员会审定，该品种登记为育成品种，并报四川省农业厅备案，准予在适应区域正式推广应用。

四川省农业厅
2016年12月9日

品种特征特性

禾本科多年生草本植物。植株直立丛生，茎秆粗壮，形似玉米。抽雄期平均株高约3m，最高可达3.26m，主茎粗5～7cm。叶色为深绿色，单个茎秆叶片数21～30，叶缘有锯齿状细毛。茎秆顶端着生圆锥花序雄花，花序长34～48cm，分枝6～11个，花粉高度不育。茎秆节点着生7～10个分枝，分枝顶端为穗状花序雌花，6～18个小穗在穗轴上呈双行互生排列，雌穗部分可育。植株分蘖和再生性强，第一年春种植的植株分蘖数（抽雄期）达28个以上，翌年再生单株分蘖（抽雄期）达46个以上。喜温，生长适宜温度20～35℃。在四川一般3月底至4月初移栽，20天后开始分蘖。营养生长期（出苗至抽雄）约100天，随后逐渐向生殖生长过渡，生长速度减

慢，至第 145 天左右进入吐丝期。进入 11 月以后，植株逐渐枯黄进入休眠期，翌年 2 月底开始萌发。分蘖多、叶量大、茎秆嫩绿多汁，适口性好。抽雄初期刈割，粗蛋白质含量 10.5%、粗脂肪含量 2.4%、酸性洗涤纤维含量 36.3%、中性洗涤纤维含量 61.6%。

栽培技术要点

播前深耕细作，开好排水沟，除掉杂草，施用底肥可显著增产。春播时，可直接分蔸种植或分蔸、扦插培育健壮幼苗后移栽，株行距（1～1.5）m×（1.2～1.5）m。移栽后 30 天内植株生长较为缓慢，结合中耕松土及时除尽杂草。进入分蘖期后，及时施用肥料，刈割后适量追施氮肥。作青饲利用，抽雄前至抽雄初期刈割；作青贮利用时，抽雄初期至抽雄期刈割。每年可刈割 1～3 次或更多，留茬高度 3～5cm。

适宜推广区域

适宜于我国气候温暖湿润的长江流域及其以南的年降水量超过 450mm 的南方大部分山区、丘陵、平原种植。

40 '玉草 6 号'玉米 – 摩擦禾 – 大刍草杂交种
(*Zea mays* × *Tripsacum dactyloides*) × *Z. perennis* 'Yucao No.6'

编　　号：2017001
品种类别：育成品种
审定机构：四川省草品种审定委员会
选育单位：四川农业大学
　　　　　四川省草原工作总站
　　　　　四川省农业科学院

省审草品种（56个）

品种特征特性

禾本科多年生草本植物。植株直立丛生，茎秆粗壮，形似墨西哥玉米。抽雄期平均株高301.6cm，主茎粗20.9～33.4mm。叶色为深绿色，单个茎秆叶片数21～30。植株顶端着生圆锥花序雄花，花序长14.0～38.7cm，分枝1～12个，花粉高度不育。上部茎节着生7～10个分枝，分枝顶端为穗状花序，6～18个小穗在穗轴上呈双行互生排列，雌穗部分可育。再生性强，第一年春季种植的植株在抽雄期分蘖数达20个以上，翌年再生单株在抽雄期的平均分蘖数21.3个。一般3月底至4月初移栽，约20天后进入分蘖期，出苗期至抽雄期约117天，第150天左右进入吐丝期。10月后植株逐渐进入茎秆分枝营养生长期，产量进一步增大，糖分增高，直至年底霜冻期停止生长，待翌年2月底气温回升后开始萌发。抽雄初期刈割，粗蛋白质含量9.5%、粗脂肪含量2.6%、酸性洗涤纤维含量34.1%、中性洗涤纤维含量55.6%、粗灰分含量8.6%、糖度约13%。

栽培技术要点

播前除杂、施用底肥并深耕细作可显著增产。可直接分蔸种植或分蔸、扦插培育健壮幼苗后移栽。移栽时剪掉部分叶片防止植株过度失水，并浇透定根水。株行距（1～1.5）m×（1.2～1.5）m，肥力高的土壤可适当降低种植密度，过密不利于分蘖。移栽早期（约移栽后30天）植株生长缓慢，需注意杂草防控。进入分蘖期后，需提供

充足的肥水条件，进行1～2次中耕除草。在返青、分蘖、拔节期及时施肥，刈割后适量追施氮肥。越冬管理时，不能耐受较长时间零度以下的低温，如遇极端低温，需进行盖膜或覆盖处理。作为青饲利用时，应在抽雄前至抽雄初期刈割；作为青贮利用时，应在抽雄初期至抽穗期刈割。建议第一年刈割1～2次以促进多年生根系的生长，其后年份可刈割3次，留茬高度3～5cm。

适宜推广区域

适宜于四川省年平均气温-5℃以上的地区及类似生态区域种植。

41 '玉草7936' 玉米－摩擦禾－大刍草杂交种
((*Zea mays*×*Tripsacum dactyloides*)×*Z. perennis*)× *Z. perennis* 'Yucao No.7936'

编　　号：川 S-BV-ZM-002-2023
审定机构：四川省草品种审定委员会
品种类别：育成品种
申报单位：四川农业大学

品种特征特性

禾本科多年生C4草本植物。植株直立丛生，株高可达250cm以上。茎秆和叶片含有紫色花青素，全株总花青素含量为25mg/100g。分蘖性强，第一年春季种植的植株在抽雄期分蘖数达25个以上，翌年再生单株在抽雄期的平均分蘖数为31个。供草期长，3月初返青，生长至12月上旬枯黄，年均鲜草产量81 936kg/hm^2，干草产量16 450kg/hm^2。

栽培技术要点

播前深耕细作，开好排水沟，除掉杂草，施用底肥可显著增产。春播时，可直接分株种植或扦插培育健壮幼苗后移栽，南方地区地温升至5℃以上即可育苗，一般3—4月为宜。株行距（1.0～1.5）m×（1.2～1.5）m，密度4 000～8 000株/hm^2。移栽早期需注意杂草防控，苗期结合中耕松土及时除草，返青、分蘖和拔节期及时施肥，刈割后适量追施氮肥。作为青饲利用时，应在抽雄前至抽雄始期刈割；作为青贮利用时，应在抽雄始期至抽雄期刈割，留茬高度3～5cm。用作牧草，可青饲或青贮利用；茎秆含紫色花青素，也可作观赏植物。

适宜推广区域

适宜于川西南山地区、四川盆地丘陵及平原年降水量800mm以上的区域种植。

省审草品种（56个）

42 '玉草9478' 杂交大刍草

Zea mays L. ×*Z. luxurians*（Durieu & Asch.）R. M. Bird

'Yucao 9478'

编　　号：川 S-BV-ZM-002-2024
品种类别：育成品种
审定机构：四川省草品种审定委员会
选育单位：四川农业大学

品种特性

禾本科一年生草本植物。植株高大、茎秆粗壮，抽雄期株高可达 4m，主茎粗约 2.5cm，单株分蘖 3～5 个。叶片长约 118cm，宽约 9cm。雄花圆锥花序，主轴长 46cm 左右；雌花穗状花序，雌穗多而小。种子淡黄色，百粒重约 33g。抽雄初期鲜草产量达 6 000kg/亩以上，干草产量达 1 500kg/亩以上。种子发芽的最低温度为 12℃，最适温度 24～26℃，生长最适温度 25～35℃，生育期 110 天左右。抽雄初期粗蛋白含量 10.6%、粗脂肪含量 2.1%、酸性洗涤纤维含量 46.3%、中性洗涤纤维含量 72.1%。

栽培技术要点

对土壤和播种期要求不严，春、夏播皆可，最佳3—4月播种，地温稳定在12℃以上播种。采用直播或育苗移栽，出苗后确保每穴1～2株，株行距0.4m×0.42m，建议密度4 000株/亩，过密不利于分蘖。苗期及时中耕除草，注意防虫防鸟，在分蘖期和大喇叭口期适时追肥。抽雄初期可刈割青饲，也可散粉期刈割制作青贮或制成草粉、草块和草颗粒。

适宜推广区域

适宜于四川平原、丘陵及川西南山地年降水量800mm以上区域种植。

43 '玉草9911饲草'玉米
(*Zea mays*×*Tripsacum dactyloides*)×*Z. perennis*×*Z. perennis*× *Z. perennis* 'Yucao 9911'

编　　号：2018005
品种类别：育成品种
审定机构：四川省草品种审定委员会
选育单位：四川农业大学

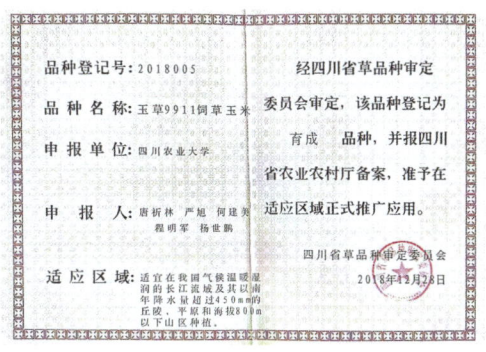

品种特征特性

禾本科多年生草本植物，高光效大型禾草。植株直立丛生、叶量丰富、根系发达。丰产性好、草产量高，品质优良，适口性好。生长势强，易于扦插或分株扩繁。茎秆直立，高 2.5～3.5m，直径 11～25mm，叶片呈线状披针形。植株分蘖达 20 个以上，平均鲜草产量达 93 762～103 929kg/hm²，干草产量达 16 908～17 966kg/hm²。抽雄期刈割，粗蛋白质含量 9.6%、粗脂肪含量 1.9%、酸性洗涤纤维含量 32.8%、中性洗涤纤维含量 56.6%、粗灰分含量 6.9%。耐寒性强，抗病性好，整个生育期未见明显病虫害。

栽培技术要点

播前除杂、施用底肥并深耕细作可显著增产。栽植期以 3 月上旬至 4 月上旬为宜。

以扦插苗或分株苗作为种苗，株行距（1～1.5）m×（1.5～2）m，每穴1～2株，覆土深度以5cm为宜。定植后剪去叶片的1/2～3/4以减少失水，苗期时注意杂草防控。苗期生长速度快，移栽早期仍需注意杂草防控。进入分蘖期后，生长旺盛，抗病虫能力显著增强，需提供充足的肥水条件。在返青、分蘖、拔节期及时施肥，刈割后适量追施氮肥。可作为牛、羊、兔、鱼等动物的饲草料。作为青饲利用时，应在抽雄前至抽雄始期刈割；作为青贮利用时，应在抽雄始期至抽穗期刈割。第一年建议刈割1～2次以促进多年生根系的生长，其后年份依据长势和利用需求每年刈割3次，留茬高度3～5cm。

适宜推广区域

适宜于我国温暖湿润的长江流域及其以南年降水量超过450mm的丘陵、平原和海拔800m以下山区种植。

44 '玉草9919' 玉米–摩擦禾–大刍草
(*Zea mays* × *Tripsacum dactyloides*) × *Z. perennis* 'Yucao 9919'

编　　号：2021006
品种类别：育成品种
审定机构：四川省草品种审定委员会
申报单位：四川农业大学

品种特征特性

禾本科多年生草本植物。多分蘖，抽雄前叶量丰富，茎秆嫩绿多汁，适口性好。植株直立丛生，高2.5～3.2m，直径10～21mm。叶片扁平宽大，植株分蘖达40个以上，再生能力强。喜温，生长适宜温度20～30℃，10℃以下生长停滞，能耐受0℃以上的低温，0℃及以下霜冻时地上部分死亡，但地下部分受土壤及枯草层保护，能部分越冬。喜光，不耐荫蔽。为获得高产，需提供良好的肥水条件。移栽后约20天开始分蘖，营养生长期（出苗至抽雄）约150天，随后逐渐向生殖生长过渡，生长速度减慢。抽雄始期刈割，粗蛋白质含量10.1%、粗脂肪含量1.7%、酸性洗涤纤维含量29.6%、中性洗涤纤维含量52.6%、粗灰分含量6.4%。整个生育期未见明显病虫害。

栽培技术要点

播前除杂、施用底肥并深耕细作可显著增产。可直接分株种植或分株、扦插培育健壮幼苗后移栽。移栽时剪掉部分叶片以防植株失水，并浇足定根水。南方地区地温升至10℃以上即可移栽，一般3—4月为宜。株行距（1～1.5）m×（1.5～2）m，肥力高的土壤可适当降低密度，过密不利于分蘖。移栽早期需注意杂草防控。进入分蘖期后，生长旺盛，抗病虫能力显著增强，需提供较高的肥水条件。在返青、分蘖、拔节期及时施肥，刈割后适量追施氮肥。可作为牛、羊、兔、鱼等动物的饲草料。作为青饲利用时，应在抽雄前至抽雄始期刈割；作为青贮利用时，应在抽雄始期至抽穗期刈割。栽培第一年建议刈割1～2次以促进多年生根系的生长，其后年份依据长势和利用需求每年刈割3次，留茬高度3～5cm。

适宜推广区域

适宜于四川省平原、丘陵及类似生态地区种植。

45 '6010' 紫花苜蓿
Medicago sativa L.'6010'

编　　号：2017007
品种类别：引进品种
审定机构：四川省草品种审定委员会
选育单位：四川省凉山州畜牧兽医科学
　　　　　研究所
　　　　　北京猛犸种业有限公司
　　　　　四川农业大学
　　　　　四川省金钟燎原种业科技有限
　　　　　责任公司

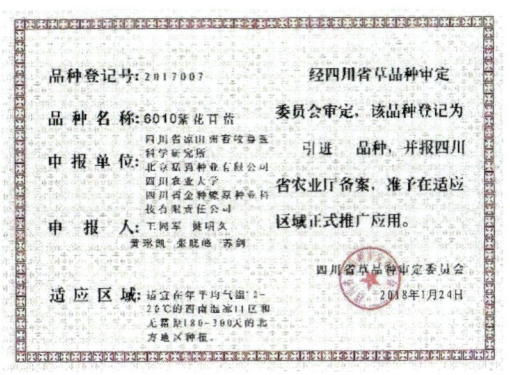

品种特征特性

豆科多年生草本植物。根系发达。主茎直立或半直立高 55～95cm，分枝多。羽状三出复叶，小叶椭圆形或卵圆形，中叶略大。总状花序，蝶形小花簇生于主茎和分枝顶部，每花序有小花 15～50 朵。1～4 回的螺旋形荚果，每荚内含种子 1～6 粒。种子肾形，黄色或淡黄褐色，表面具光泽，千粒重 2.30g。为秋眠级 6 的半秋眠紫花苜蓿品种，出苗建植快且整齐，品质好，抗逆性强，抗寒耐旱能力优越，越冬指数为 2，

适口性好，消化率高，抗病虫害能力强。在亚热带地区年可刈割 8～9 次，暖温带地区每年可刈割 3～6 次。

栽培技术要点

精细整地除杂，施用有机肥 15～30t/hm^2、过磷酸钙 300～400kg/hm^2、钾肥 300kg/hm^2；深耕 20～30cm 并耙细平整，清除杂草。春季、秋季均可播种，播种量 15～22.5kg/hm^2，播深 1～2cm，以条播为主。苗期及时除杂草。防积水和合理灌水，注意追施磷钾肥。加强管理以减少病虫害发生。孕蕾期至初花期时刈割利用，留茬 5cm。

适宜推广区域

适宜于年平均气温 10～20℃的西南温凉山区和无霜期 180～300 天的北方地区种植。

46 '川草 7 号' 紫花苜蓿
Medicago sativa L. 'Chuancao No.7'

编　　号：川 S-BV-MS-001-2023
品种类别：育成品种
审定机构：四川省草品种审定委员会
选育单位：四川省草原科学研究院
　　　　　凉山彝族自治州农业科学研究院
　　　　　凉山州畜牧草业与水产技术推广中心
　　　　　西南科技大学
　　　　　西南科大四川天府新区创新研究院

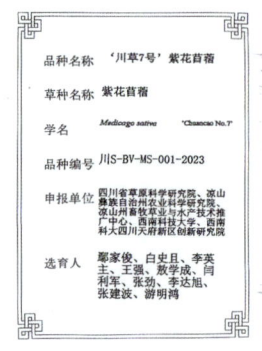

品种特征特性

豆科多年生草本植物。主根明显，侧根和须根发达。叶量丰富，复叶3～9小叶，以羽状五出复叶为主，多叶性状稳定，群体多叶枝率达95%以上，多叶率达70%以上。品质优异，叶茎比1.3，粗蛋白质含量达28.9%，相对饲用价值（RFV）226。花序紫色或淡紫色，种子黄色或淡黄褐色，千粒重2.5g。年均干草产量达29 196kg/hm^2。越夏率和越冬率均95%以上。

栽培技术要点

秋播以 8 月下旬至 9 月下旬为宜，春播以 3 月下旬至 5 月初为宜。条播，行距 30～40cm，播种量 18～22.5kg/hm^2，播种深度 1～2cm。播种后和苗期少量多次浇水，雨季注意排涝。播前彻底防除杂草，播后中耕或化学除草 2～3 次。整地时施用底肥，在分枝期和每年返青时追施磷肥（P$_2$O$_5$）450kg/hm^2、钾肥（K$_2$O）150kg/hm^2、硼砂 4.5kg/hm^2，春季有蚜虫发生，通过适时刈割防治，其他病虫害较少发生。初花期刈割利用，留茬高度 5cm，最后一次刈割时间为霜降前 15～30 天。可作为牧草，用于优质高产人工草地建植。

适宜推广区域

适宜于川西南山地区、川西高原区海拔 1 500～3 500m、年降水量 600～1 200mm 的区域种植。

47 '川南'金花菜
Medicago polymorpha L. 'Chuannan'

编　　号：2017003
品种类别：地方品种
审定机构：四川省草品种审定委员会
选育单位：四川省草原科学研究院
　　　　　北京助尔生物科技研究院

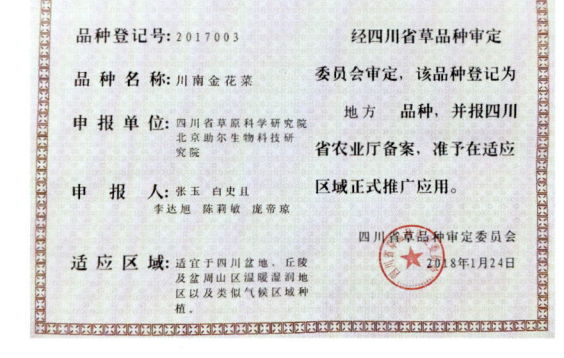

品种特征特性

豆科一年生或越年生草本植物。自然群落高度一般为 40～50cm，茎平卧、上升或直立，基部分枝，羽状三出复叶，小叶倒卵形或三角状倒卵形。花序头状伞形，聚集小花 2～10 朵，花冠黄色。荚果盘形，有棘刺。种子肾形，表面光滑。花期 3—5 月，果期 5—6 月。其粗蛋白质含量达 25.2%、粗脂肪含量 4.4%、粗纤维含量 17.0%、无氮浸出物含量 35.1%、粗灰分含量 10.2%。

栽培技术要点

宜选择肥沃的旱地或排水良好的水田种植。以富含有机质、保水保肥的黏壤土或冲积土为宜。旱地播种前 20 天用灭生性除草剂喷洒以防治杂草，同时清除石块、铁屑等杂物。土地翻耕 25～30cm，耕后耙细耙平，并结合整地施用农家肥 22 500kg/hm^2 或复合肥 300～375kg/hm^2 作为底肥，有条件的地方撒施一定量的草木灰。水田在水稻收获前采用免耕方式，收获后既可免耕，也可同旱地一样进行土地整理，春播、秋播均可，一般以秋播为宜，时间为 9—10 月，最迟不超过 11 月下旬。四川盆地及盆周山区一般在 9—11 月播种，凉山州在 5—6 月雨季开始时播种，甘孜阿坝低山区可在春季 2—4 月播种。在稻谷收获前后，撒播于潮湿、不积水的稻田，水稻收获前一般采用免耕撒播，收获后可免耕撒播或条播建植人工草地，行距 25～30cm，也可与禾本科牧草进行混播。在未种植过苜蓿属植物的土壤上种植时，接种苜蓿根瘤菌效果较好。饲草生产单播播种量 22.5～30kg/hm^2，带荚播种量 75～112.5kg/hm^2；种子生产单播播种量 12～15kg/hm^2，带荚播种量 50～60kg/hm^2，覆土 1～2cm。播种前将带荚种子用清水或清粪水浸泡 1～2 天，可促进发芽。金花菜种子比较小，播种时需与细土

或砂土混合后，以确保田间播种均匀。人工草地在幼苗期可进行1~2次中耕除杂；幼苗期撒施一定量的草木灰，在第一次刈割后进行灌溉并合理追肥（主要追施磷、钾肥）。干旱时间较长时应酌情灌溉。但在春季气候较热且干旱少雨的地区种植时，易感染病虫害，主要是菌核病和蚜虫，需早春注意防治。菌核病可用速克灵1 000~1 200倍液喷施或用甲基硫菌灵1 000倍液防治。作为饲草时，可刈割鲜饲，也可青贮或调制干草或草粉。鲜饲时，分枝期即可刈割利用；用于青贮或调制干草时，宜在盛花期一次性刈割利用。秋播地区肥水较好的情况下，一般当年可刈割1~2次，翌年可利用1~2次。

适宜推广区域

适宜于四川盆地、丘陵及盆周山区温暖湿润地区以及类似气候区种植。

48 '艾丽斯'白三叶
Trifolium repens L. 'Alice'

编　　号：2016008
品种类别：引进品种
审定机构：四川省草品种审定委员会
选育单位：四川省农业科学研究院土壤
　　　　　肥料研究所
　　　　　百绿（天津）国际草业有限
　　　　　公司

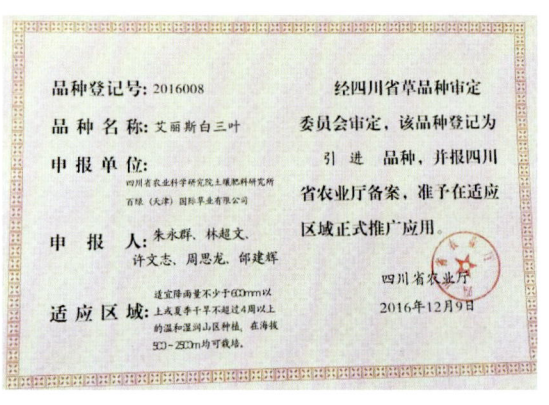

品种特征特性

豆科多年生草本植物，集大叶型和持久利用两个特性于一体的新品种。具有非常强的固氮能力（166.8kg/hm^2），植株高大，长势良好，冬季生长旺盛。产量高，亩产干草可达800kg。适口性好，营养价值高，粗蛋白质含量占干物质含量的22.9%，消化率高。

栽培技术要点

最佳播种时间为春秋两季，分别是3月下旬至4月上旬和9月中旬至10月中旬。播种时施用猪牛粪3 000kg/hm^{2}和过磷酸钙300~400kg/hm^2。撒播或条播，播种量30kg/hm^2，撒播适用于小面积播种，条播适用于大面积播种。将种子均匀地撒在土壤表面，然后用细土覆盖并压实，覆土以0.5~1.5cm为宜。苗期生长缓慢，应中耕除草1~2次。及时防治病虫害。出苗后，若植株矮小且发黄，可施用尿素150kg/hm^2。生长二年以上的草地，在春、秋两季返青前以及放牧、刈割后，施用过磷酸钙

300～400kg/hm² 或磷二铵 75～100kg/hm²，适时灌溉。主要用途为放牧、青饲或青贮。一般草层高度达 15cm 以上时即可放牧。在孕蕾前或草层高度达 25～30cm 时刈割用于青饲和青贮，留茬高度 3～5cm。生长旺季时，每 15 天左右刈割 1 次，6 月中旬停止刈割。适宜饲喂牛、羊、猪、兔和其他家禽。青饲反刍家畜时，应与禾本科牧草搭配，白三叶占比 30%～40%，防止牛、羊摄入过多白三叶引起臌胀病。

适宜推广区域

适宜于年降水量不少于 600mm 或夏季干旱不超过 4 周的温和湿润山区种植，在海拔 500～2 500m 的地区均可栽培。

49 '上吉' 白三叶
Trifolium repens L. 'Sulky'

编　　号：2018004
品种类别：引进品种
审定机构：四川省草品种审定委员会
选育单位：四川农业大学
　　　　　　北京猛犸种业有限公司

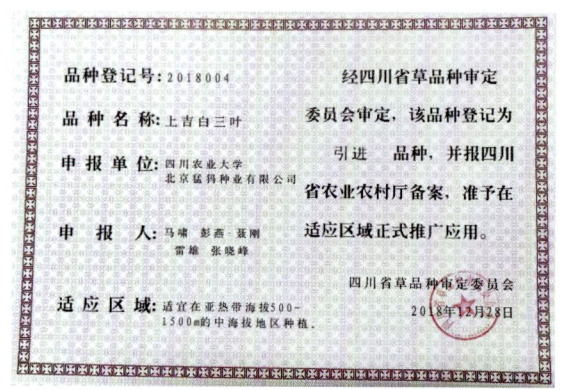

品种特性特征

豆科多年生草本植物。主根短，侧根发达，多根瘤。株丛基部分枝5～10个，主茎长35～60cm。掌状三出复叶，叶柄长18～28cm，小叶长2～3.5cm。头状花序，每花序有小花25～40朵。荚果，种子心形、棕黄色，千粒重0.6g。喜温暖湿润气候，在西南中低海拔地区9月下旬播种，翌年3月下旬最早进入分枝期，4月下旬进入现蕾期，7月中旬进入完熟期，生育期约270天。对土壤要求不严，适应性强，抗病、耐热、抗旱性强，能在-15℃的条件下安全过冬。营养价值高，是牛、羊、猪、兔、家禽等的优质饲料。初花期粗蛋白质含量25.8%、粗脂肪含量2.2%、粗纤维含量8.4%、中性洗涤纤维含量15.7%、酸性洗涤纤维含量12.0%、粗灰分含量7.2%。

栽培技术要点

播前整平耙细土地，除净杂草。在土壤黏重、降水量多的地方种植时，应开沟作畦以利排水。播前施用腐熟有机肥15～30t/hm²或氮磷钾复合肥150～225kg/hm²作基肥。对有机质缺乏的土壤，还需施厩肥；对酸性过强的土壤，每亩补加50kg石灰作基肥。南方地区春播在3月中旬前，秋播在10月中旬前。中低海拔地区以秋播为佳，但在冬季寒冷的地区宜春播。条播为宜，行距30cm，播种量7.5～10.5kg/hm²；撒播播种量适当增加30%～50%。种子生产时，条播播种量6.0～9.0kg/hm²。可单播刈割利用，或与禾本科牧草以1∶2的比例混播，播种量3.8～6.8kg/hm²。播种时用等量沃土拌种后播种效果较好。有灌溉条件的，在土壤干旱时或结合追肥进行灌溉。收割后、入冬前或早春追施钙、钾、磷肥或过磷酸钙，每年施用300～375kg/hm²。注意防治叶蝉、白粉蝶、地老虎、斜纹夜蛾、蚜虫、蜗牛等，一经发现及时防治。耐践踏、扩展快，形成群落后与杂草竞争能力强，多作放牧用，可与禾本科牧草以2∶1的比例混播。放牧时轮牧较好，每次放牧后应停止2～3周以利再生，留茬高度不低于5～7.5cm。青饲可在孕蕾前或草层高度达25～30cm时刈割，第一茬刈割在现蕾或初花期进行，

20～30cm是适宜的刈割高度，留茬高度5cm。刈割后再生能力强，能迅速形成二茬草层覆盖草地。一般每25～30天利用1次，每年可刈鲜草4～5次。6月中旬应停止割草，使植株贮存养料以利越夏。秋季生长的茎叶应予保留，以利越冬。调制干草可采用日晒或烘干方式，晾晒至鲜草水分含量在17%以下时即可收回堆垛备用，或以烘干方式人为控制调制环境，干草质量高且养分损失少。种子生产时，5—7月种子陆续成熟，集中于6月，当多数花球呈黑褐色时，可一次性连草收割采收，也可在5月底开始分批人工多次采收种子。

适宜推广区域

适宜于长江中上游的中低海拔地区种植。

50 '罗特'白三叶
Trifolium repens L. 'Rampart'

编　　号：2021008
品种类别：引进品种

审定机构：四川省草品种审定委员会
选育单位：四川农业大学
　　　　　　北京百斯特草业有限公司
　　　　　　四川省草业技术研究推广中心

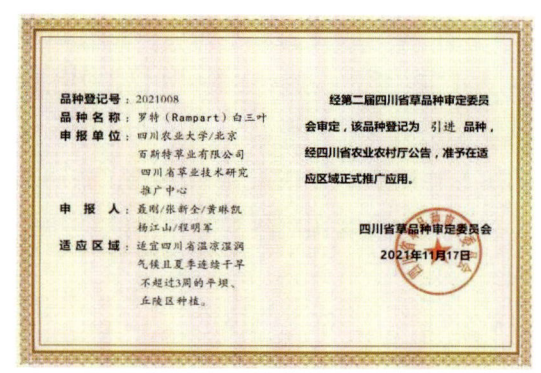

品种特征特性

豆科多年生草本植物。株丛高达30～40cm，株型直立，叶色浓绿。大叶型品种，掌状三出复叶带"V"形白斑，叶柄长，匍匐枝每丛达20～25个。春季及刈割后恢复生长速度快，覆盖度好。头状花序，有白色小花60～80朵，种子黄色心形，长1.0～1.2mm，千粒重0.5～0.6g。品质优，粗蛋白质含量达20.4%。初花期到盛花期刈割时，产量高且季节分布平衡，年可割草4～5次，累计干草产量可高达11t/hm^2。刈割后再生速度快，夏季生产性能好。在温和湿润气候区可与多种禾草混播，竞争力强，可放牧、可割草，亦可用于林下生草。

栽培技术要点

播种挖排水沟，精细整地。南方地区秋播最佳，条播，行距30cm，播种深度1cm，播种量10～12kg/hm^2。沙性土壤的播种深度要深，黏性土壤的播种深度要浅。混播播量2.5～4.5kg/hm^2。及时查苗补缺、防除杂草、施肥、排灌并防治病虫害。每2～3次刈割或放牧后可施适量磷钾复合肥。在分蘖期、拔节期、孕穗期或冬春干旱时，适当沟灌补水。混播草地适合轮牧或割草利用，每次利用后应有至少3～4周的恢复时间，割草留茬3～5cm。在温和湿润气候区可与多种禾草混播，既可放牧利用，也可割草收获，亦可作为覆盖作物用于林下生草等。

适宜推广区域

适宜于温和湿润气候且夏季连续干旱不超过3周的平原丘陵等气候相似区域推广种植。

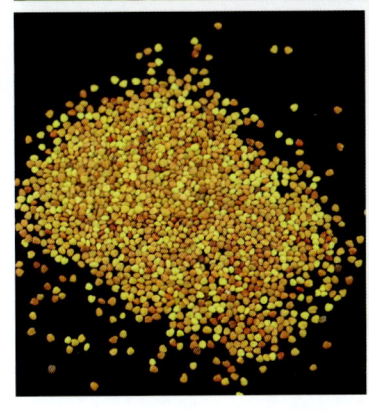

51 '川畜1号'苦荬菜
Lactuca indica L. 'Chuanxu1.'

编　　号：2017002
品种类别：育成品种
审定机构：四川省草品种审定委员会
选育单位：四川省畜牧科学研究院
　　　　　四川农业大学

品种特征特性

菊科一年生草本植物。株高1.7～2.2m，直根系，主根粗大，纺锤形。茎秆直立粗壮，节间短，多分枝，光滑无毛。叶片灰绿色，椭圆状倒披针形，边缘全缘或波状。基生叶丛生，20～35片，抽薹期叶长32～46cm，宽9～17cm。头状花序，舌状花，淡黄色，瘦果，长卵形，成熟时褐黑色，顶端有白色冠毛，种子千粒重1g，异花授粉。全株含白色乳汁，味苦。适应性强，适宜长江流域及部分温带地区种植，对土壤要求不严，耐瘠薄、耐干旱，较抗倒伏和病虫害。再生性强，晚熟，生长天数约300天。产量高，干草产量一般每公顷4 600～6 100kg，品比鲜（干）草产量较对照平均增产

14.6%（10.3%），第一茬粗蛋白质含量最高 26.7%。

栽培技术要点

南方地区 2 月下旬至 3 月下旬或 10 月，北方地区 4 月下旬至 5 月上旬播种为宜。育苗移栽时，株行距（10～15）cm×（25～30）cm，播种量 2.25～4.5kg/hm^2，定苗 1～2 株/穴；条播时行距 25～30cm，播种量 6～9kg/hm^2，播幅 3～5cm，播深 1～2cm，播后覆土，浇足水。根据土壤墒情，4～6 天后再次浇水以保持田间湿度。苗期追施尿素 75kg/hm^2，每次刈割后追施尿素 120～225kg/hm^2。株高 45～60cm 时刈割，留茬高度 5～7cm，每 20～30 天刈割 1 次，年刈割 4～6 次。抽薹后可剥叶利用，留新叶 2～4 片，新叶成熟后可再次剥叶，15～25 天即可剥叶。发生白粉病或霜霉病可适时刈割或用百菌清等药剂防治。

适宜推广区域

适宜于海拔 200～2 000m、降水量 600mm 以上地区及类似生态条件地区种植。

52 '川畜 2 号' 苦荬菜
Lactuca indica L. 'Chuanxu No.2'

编　　号：2021004
品种类别：育成品种
审定机构：四川省草品种审定委员会
选育单位：四川省畜牧科学研究院
　　　　　四川农业大学

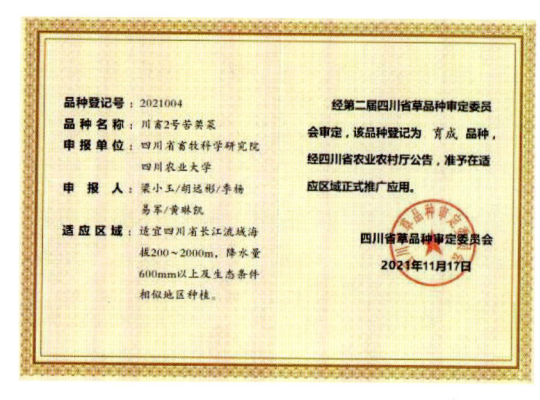

品种特征特性

菊科一年生草本植物,晚熟。直根系,主根粗大,纺锤形,根群集中分布在 0～25cm 的土层中。茎秆直立粗壮,光滑无毛,株高 1.7～2.5m。莲座期叶片为紫红色,随生育期逐渐变浅,孕蕾后全叶转为灰绿色。成熟期叶长 40～60cm,叶宽 7～17cm。种子千粒重约 1g。全株富含白色乳汁,味苦。分枝能力和再生性强,特晚熟,越年生生育期约 320 天。产量高,鲜草和干草产量一般分别达 61 400～80 500kg/hm² 和 5 700～7 700kg/hm²。营养价值高,前三茬草平均干物质含量 9.2%、粗蛋白质含量 21.4%、酸性洗涤纤维含量 16.4%、中性洗涤纤维含量 18.6%、可溶性糖含量 11.3%、花青素含量 7.2mg/kg(第一茬 13.6mg/kg)。

栽培技术要点

2 月下旬至 3 月下旬或 9 月下旬至 10 月下旬播种为宜。施用农家肥 20 000～35 000kg/hm² 或复合肥 300～600kg/hm² 作为底肥。育苗移栽时,行株距(25～30)cm×(10～15)cm,播种量 0.75～2.25kg/hm²;条播行距 25～30cm,播种量 2.25～4.5kg/hm²,播幅 3～5cm,定苗株距 8～15cm;撒播播种量 4.5～7.5kg/hm²;播深

1～2cm。苗期和刈割后追施尿素75～150kg/hm²。株高45cm以上时刈割，留茬高度约7cm。白粉病或霜霉病初期可适时刈割进行物理防治或使用百菌清等药物防治。

适宜推广区域

适宜于海拔200～2 000m、年降水量600mm以上的地区及类似生态条件地区种植。

53 '川草6号'菊苣
Cichorium intybus L. 'Chuancao No.6'

编　　号：2016006
品种类别：育成品种
审定机构：四川省草品种审定委员会
选育单位：四川省草原科学研究院

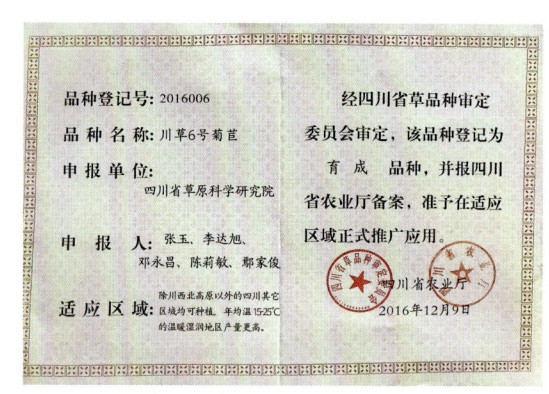

品种特征特性

菊科多年生草本植物。直根系，主根肥大，肉质根短粗，圆锥形，平均长30～49cm，根头部直径可达5cm。莲座叶丛型，叶簇生，全缘不分裂，长条形，叶片互生，基生叶长而宽，基生叶长39～48cm，宽9～12cm。莲座期株高75～90cm，花期株高170.4～224.7cm。主茎直立，多分枝，茎具条棱，茎叶表面光滑或具细绒毛，折断后有白色乳汁。播后翌年表现较好的再生性能和分枝性，叶片数量可达80～140片。头状花序，每个花序由16～21朵花组成。种子千粒重1～1.5g。适应性强，幼苗能耐-8℃的低温，但不耐严寒酷暑，喜肥水，不耐积水。适宜温暖湿润的气候，温度达到5℃时能正常生长发育。在荒地、坡地均能生长。种子发芽的适宜温度为15℃左右，生长适宜温度为15～20℃。除在低洼易涝地点发现烂根现象外，未发现其他病害。9月播种，一周左右出苗，5月开花，6月盛花，7—8月种子成熟。利用期长（4—11月），草质柔嫩，蛋白质含量和消化率高，莲座叶丛期粗蛋白质含量21.2%、中性洗涤纤维含量43.7%、酸性洗涤纤维含量36.7%、干物质体外消化率75.6%。

栽培技术要点

适宜在多种土壤（除低洼易涝地）中种植。结合整地施足基肥，一般施复合肥（N∶P∶K=1∶1∶1）120～150kg/hm²，有条件时可施入一定量的有机肥。播种前精细整地除草，耕翻、耙细。育苗用地需施入适量有机肥或复合肥与土壤混匀，并将苗床浇水浸透待用。在气温达到5℃以上时均可常年播种，其中春播和秋播最为适宜。春播在2月下旬至4月中旬，秋播在9月上旬至10月底较为适宜。可育苗移栽或直播。直播可采取撒播、条播或穴播。一般条播或穴播播种量4.5～7.5kg/hm²，育苗移栽播种量

1.5～3kg/hm²，播种深度以1～2mm为宜。条播和穴播行距30cm，株距25～30cm；撒播可适当提高播种量。苗期结合中耕松土及时清除杂草；每次刈割后1～2天施尿素75～90kg/hm²。生长旺盛季节或干旱季节应适当灌溉补水，并注意排水。避免雨天割草，以免烂茬烂根，必要时使用杀菌剂防治。植株长到50cm左右时可进行刈割利用，及时刈割可抑制或避免抽薹开花。生长旺季每25～30天即可刈割1次，留茬高度4～5cm最佳。主要用作多年生饲草，可刈割青饲或混合青贮，亦可放牧利用，适合饲喂猪、牛、羊、兔、鸡、鸭、鹅、鱼等。

适宜推广区域

适宜于除川西北高原以外的四川其他地区种植，年均温15～25℃的温暖湿润地区产量更高。

54 '川畜3号'菊苣
Cichorium intybus L. 'Chuanxu 3'

编　　号：川S-BV-CI-005-2024
品种类别：育成品种
审定机构：四川省草品种审定委员会
选育单位：四川省畜牧科学研究院

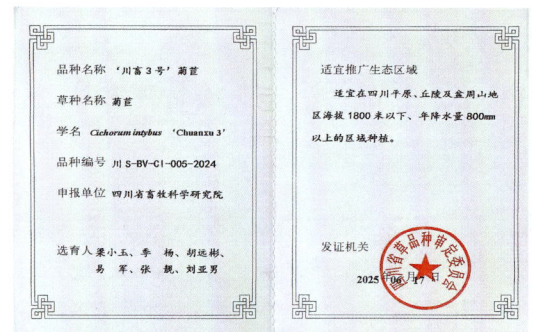

品种特征特性

菊科多年生草本植物。开花期株高200cm左右。肉质根。主茎直立有条棱，被极稀疏长而弯曲的糙毛。基生叶莲座状，叶椭圆状倒披针形，叶长50cm左右、宽15cm左右，叶色为深绿色。头状花序单生于枝端或2～3个簇生于叶腋，每个花序由16～21朵花组成，花舌状，蓝紫色，花期长达4个月，边开花边结籽。瘦果倒楔形，种子成熟为褐色，千粒重1.1g。异花授粉。年可刈割5～8次，鲜草产量8000～9000kg/亩，干草产量760～880kg/亩。喜温暖湿润气候，适宜生长温度为15～30℃，在pH值6.4～8.2土地上生长良好，可耐-5℃低温。生育天数324天。草质脆嫩多汁，营养丰富，莲座期粗蛋白质含量20.3%、粗脂肪含量3.8%、粗纤维含量12.5%、酸性洗涤纤维含量22.9%、中性洗涤纤维含量29.2%、粗灰分含量16.7%、无氮浸出物含量46.8%、钙含量1.40%、磷含量0.64%。

栽培技术要点

春播3月上旬至5月上旬，秋播9月上旬至10月下旬播种。播前翻耕，深度25～30cm，耕后耙平，要求土块细碎、地面平整、墒情良好，低洼易涝处应挖厢起垄并做好排水沟。结合整地施复合肥20～40kg/亩作底肥。育苗移栽、条播、撒播均可，每公顷播量分别为1.8kg、3.75kg、6kg左右。育苗移栽在幼苗长出3～5叶时选择阴天进行，行株距（30～40）cm×（20～30）cm；条播行距30～40cm，播幅3～5cm，播深1～2cm，播后覆土浇足水。苗期和每次刈割后根据土壤肥力追施尿素5～10kg/亩，霜冻地区最后一次刈割后不宜追肥，次年春季应及时追肥。发生软腐病初期直接拔除或者用杀菌剂喷洒或用石灰对病穴处理，防止大面积感染。株高40～80cm时刈割，留茬5～7cm。注意抑制抽薹。以青饲利用为主，可饲喂牛、羊、猪、鹅、鱼、鸡、兔等各种畜禽。

适宜推广区域

适宜于四川平原、丘陵及盆周山地区海拔 1 800m 以下、年降水量 800mm 以上区域种植。

55 '饲油36饲用'油菜
Brassica napus L. 'Siyou No.36'

编　　号：2017010
品种类别：育成品种
审定机构：四川省草品种审定委员会
选育单位：四川省农业科学院作物研究所
　　　　　成都大美种业有限责任公司
　　　　　四川省草原科学研究院

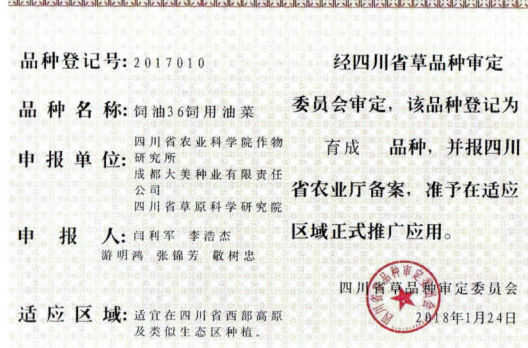

品种特征特性

十字花科一年生草本植物，为甘蓝型中熟双低优质杂交品种。幼苗半直立，匀生分枝，茎秆绿色，深裂叶对生2～3裂，叶色浓绿，中等厚薄，顶片大而圆。茎叶均无刺毛而具蜡粉，黄色大花瓣，雄蕊发育正常，黄色大花药，花粉量大。营养含量丰富。种子成熟期平均株高190～224cm，主花序长71～80cm。种子千粒重3.38～4.32g。川西高原牧区4—6月播种，10月陆续收获。抗倒力、耐寒力与对照品种相当，抗病虫害能力较强。

栽培技术要点

川西高原牧区适宜播种期为4—6月，迟春播或夏播。播种前精细整地，施足底肥。饲草生产条播（行距25～35cm）或撒播，播种量10～15kg/hm^2；种子生产时，以条播为宜（行距30～45cm），播种量8～12kg/hm^2。播种深度1～2cm。抽薹时酌情施速效氮肥，每次刈割后及时施150～220kg/hm^{2}尿素或复合肥；种子生产时，以磷肥、钾肥为主，少施氮肥、硼肥。一般无病虫为害。在初花期刈割利用，留茬高度5～6cm。对于用作鲜饲料的田块，开花前随时采收；用作干饲料的田块，若降霜之前已经开花抽薹，则在此期进行收割，若降霜之前没有开花抽薹，则在降霜之后收割较好。可用于建设人工草地、改良天然草地，调制饲（草）料，以及草原观花等。

适宜推广区域

适宜于川西高原牧区及类似生态区种植。

56 '川南饲用'桑
Morus alba L. 'Chuannan'

编　　号：2018001
品种类别：野生栽培品种
审定机构：四川省草品种审定委员会
选育单位：成都市农林科学院

品种特征特性

桑科木本植物，为川桑野生群体中的

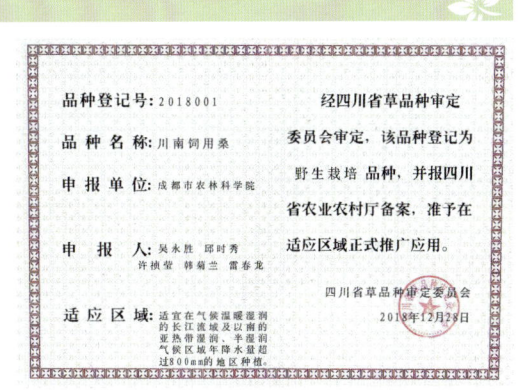

省审草品种（56个）

优良变异类型。树型高大、枝态直立，发条数多、中等粗、皮灰褐色，皮孔椭圆或圆形，中等密度，平均节间距约6cm。冬芽为长三角形或短三角形，色紫，尖离、腹离均有，有少量副芽。叶序1/3，叶形为心形和长心形，叶色深绿，较平展，叶尖长尾状，叶缘钝齿和乳头齿状。叶面微糙有波皱，光泽较强。叶片生态多为平伸，叶柄中长，叶基心形和肾形。新梢顶端芽及幼叶黄绿色，较粗壮。叶片大而厚，叶长可达32cm，叶宽可达23.5cm，单叶重10g。有冬眠期，在成都市冬芽萌芽时间为1月初，生长期长，如水肥充足可长叶至11月初收获，平均亩产鲜枝叶产量达4t。群体整齐、生长旺盛、再生能力强，耐剪伐、耐旱、耐高温、耐贫瘠，抗病性较强。

栽培技术要点

选择地势平坦、光照良好、能排能灌的壤土地块进行种植。清除杂草后，沟翻深40～50cm，宽50～60cm，在沟中施有机肥2 500～5 000kg/亩，回表土10cm，拌匀。深翻时间宜在栽植前的11—12月进行。12月至翌年3月，即在落叶后到次年春发芽前栽植。选择新鲜、主根和侧根多、根系完整、苗茎秆粗壮、大小均匀、无病虫害的一年嫁接苗或扦插苗进行种植。种植前剪去枯萎根、过长根，留根长10～15cm，并在泥浆中浸泡后栽植。栽植时要保证苗正、根伸、浅栽、踏实，回土踏实埋过茎基部3～5cm为宜，浇足定根水，覆盖黑地膜。桑芽萌发后及时检查，未成活的及时进行补植。亩栽4 400株，行距50cm，株距30cm。每年进行3次施肥，开春后当新梢长出20～30cm时，每亩施复合肥（N：P：K=10：6：9）25kg、尿素25kg、磷肥25kg；夏伐后新梢长出3～4片叶时结合中耕每亩施复合肥50kg、尿素25kg、磷肥25kg；12月初结合冬耕晒白，每亩施有机肥1 500～2 000kg。施肥后回土覆盖，生长期间若10天内无有效降水则需浇水1次。生长季桑树可多次刈割，一年生植株刈割3茬，二年生后每年刈割4茬，分别在5月上旬、6月下旬、8月下旬、10月下旬进行，2次刈割间隔时间45～50天，一般新梢长至60～80cm（即新梢枝条未木质化时）进行刈割，留茬高度约20cm以提高利用率。10月需注意防治桑赤锈病，可通过人工摘除病芽、病叶等集中烧毁，并用25%粉锈宁1 000倍稀释液喷洒桑芽。主要作为刈割饲草使用，适宜直接刈割桑叶嫩茎供家畜鲜食，也适宜晒干、粉碎后与其他饲料配合使用。同时具有很好的水土保持效果，适宜将改善自然环境与种桑养畜相结合进行开发利用。

适宜推广区域

适宜于气候温暖湿润的长江流域及以南的亚热带湿润、半湿润气候区域且年降水量超过800mm的地区种植。

省审草品种（56个）

·229·